高职高专计算机教学改革 新体系 教材

Linux基础教程

郑锦材 编著

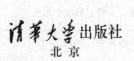

清华大学出版社
北京

内 容 简 介

本书立足实际应用,以流行的 Linux 发行版本为基础介绍 Linux 的基础操作。全书共 11 章,包括认识 Linux、安装 Linux、文本界面基础、文件和目录、常用命令、Shell 脚本、用户和组群、权限和所有者、磁盘分区和文件系统、软件包、进程和任务计划。

本书的结构采用"章节模块——知识技能/项目任务"体系,符合高等职业教育的培养目标、特点和要求,突出 Linux 基础的实际技能的培养,内容安排及教学过程"好学易教"。

本书既可作为高职高专计算机类、电子类相关专业的 Linux 基础课程的教材,也可作为应用型本科学生的教材或参考书,还适合各类 Linux 基础培训班使用,或作为 Linux 爱好者的自学参考书。

图书在版编目(CIP)数据

Linux 基础教程/郑锦材编著.—北京:清华大学出版社,2022.6(2025.1重印)

高职高专计算机教学改革新体系教材

ISBN 978-7-302-60897-4

Ⅰ.①L… Ⅱ.①郑… Ⅲ.①Linux 操作系统-高等职业教育-教材 Ⅳ.①TP316.85

中国版本图书馆 CIP 数据核字(2022)第 083236 号

责任编辑:颜廷芳
封面设计:常雪影
责任校对:袁 芳
责任印制:丛怀宇

出版发行:清华大学出版社
  网 址:https://www.tup.com.cn,https://www.wqxuetang.com
  地 址:北京清华大学学研大厦 A 座 邮 编:100084
  社 总 机:010-83470000 邮 购:010-62786544
  投稿与读者服务:010-62776969,c-service@tup.tsinghua.edu.cn
  质量反馈:010-62772015,zhiliang@tup.tsinghua.edu.cn
  课件下载:https://www.tup.com.cn,010-83470410
印 装 者:三河市天利华印刷装订有限公司
经 销:全国新华书店
开 本:185mm×260mm 印 张:16.25 字 数:412 千字
版 次:2022 年 8 月第 1 版 印 次:2025 年 1 月第 4 次印刷
定 价:49.00 元

产品编号:094476-01

前言

"Linux 基础"是计算机网络技术及相关专业的一门专业课程。为了更好地开展该课程的教与学，编著者特编著本书。

相对 Windows 而言，很多人对 Linux 比较陌生，如果直接在物理机器上安装和学习 Linux 会比较困难，对于机房管理和课程教学而言也很不方便。因此本书通过虚拟机环境进行介绍和演示，方便初学者入门。

本书在组织结构上按照学习领域的课程改革思路进行编写，结构采用"章节模块——知识技能/项目任务"体系，共有 11 章和 17 个项目实践。每一章开始列出本章的单元和学习目标。每个项目实践均有项目说明、任务要求和任务步骤，符合高等职业教育的培养目标、特点和要求。

在内容的深浅程度上，本书把握理论够用、侧重实践、由浅入深的原则，学生可以分层、分步骤地掌握所学的知识。根据学习规律，为方便初学者入门，项目实践 1～项目实践 9 均直接给出了实现任务步骤的详细命令代码，项目实践 10～项目实践 17 的详细命令代码在本书配套资源中，为方便教学，本书配有电子教案等教学资源。

本书主要包含以下内容。

第 1 章的主要内容：什么是 Linux、Linux 的特点和组成、Linux 的版本。

第 2 章的主要内容：Linux 的硬件要求和磁盘管理，安装 Linux 与初始化配置，登录、注销、重启和关闭 Linux。

第 3 章的主要内容：Linux 进入文本界面的方式、关闭和重启系统、目标，获取帮助，Shell、Bash、Shell 提示符和命令格式、Shell 常用快捷键、编辑命令行、特殊字符、通配符、命令行补全和历史记录，命令排列、替换和别名，管道和重定向，文本编辑器 vi。

第 4 章的主要内容：Linux 的文件名和文件类型、目录结构、文件和目录操作命令、索引式文件系统和链接文件。

第 5 章的主要内容：Linux 的常用命令，包括文本显示、文本处理、文件查找、命令查找、系统信息显示、用户登录信息显示、信息交流、日期时间。

第 6 章的主要内容：Shell 脚本，包括基础、变量、测试表达式、流程控制语句、调试。

第 7 章的主要内容：Linux 的用户概述和管理、组群概述和管理、创建用户和组群的相关文件和目录、用户登录和身份切换、用户和组群维护。

第 8 章的主要内容：Linux 的文件权限、权限修改、权限掩码、文件属性、文件所有者。

第 9 章的主要内容：Linux 的磁盘分区、创建文件系统、挂载和卸载文件系统、查看文件系统、自动挂载文件系统、维护文件系统、交换空间。

第 10 章的主要内容：Linux 的软件包 RPM 的安装、卸装、刷新、升级、查询，YUM 本地源的搭建和管理，TAR 包管理和压缩。

第 11 章的主要内容：Linux 的进程管理和任务计划。

虽然本书以流行的 Linux 发行版 CentOS 7 为例进行讲解，但是在规划中，力求全部的知识诠释具有通用性，遵循相关国际标准、国家标准和行业标准，能兼容其他主流 Linux 发行版本。

本书全书由郑锦材统阅定稿，许逸参与编写第 6 章。

由于 Linux 涉及面很广，技术更新速度很快，编著者也处于不断地学习过程中，书中难免有不足之处，敬请读者不吝指正。

编著者

2022 年 4 月

目 录

CONTENTS

第 1 章

认识 Linux

本章主要学习 Linux 基础知识、Linux 的特点和组成,以及 Linux 的版本。

本章的学习目标如下。

(1) Linux 的简介:了解 Linux 的概念、产生背景、发展历程和应用领域。

(2) Linux 的特点和组成:了解 Linux 的特点和组成。

(3) Linux 的版本:了解 Linux 的内核版本和发行版本。

1.1 Linux 的简介

Linux 自从 1991 年 10 月发布至今,发展非常迅速,主要应用于服务器和嵌入式开发等领域。目前,主流的服务器操作系统有以下三种。

(1) UNIX:付费系统,一般应用在中、高端服务器领域。

(2) Windows Server:付费系统,一般应用在中、低端服务器领域。

(3) Linux:以免费系统为主,应用范围最广,在高、中、低端服务器领域均有应用。

1.1.1 Linux 的概念

Linux 是一个免费、多用户、多任务的操作系统,其稳定性、安全性和网络功能远胜于其他操作系统。Linux 是源码完全公开的操作系统。任何人只要遵循 GNU/GPL 的原则,就可以自由取得、发布和修改 Linux 的源码。图 1.1 是 Linux 的吉祥物 Tux,Linux 的官方网站是 https://www.linux.org/。

下面介绍常见的几个名词。

图 1.1　Linux 吉祥物 Tux

(1) 自由软件(开源软件,free software)是指用户可以不受限制地使用、复制、修改、发布软件,尊重用户的自由。与自由软件相对的是专有软件(私有软件、封闭软件,proprietary software),专有软件一般禁止反编译软件、修改软件源码、再次发布软件等。自由软件的定义与是否收费无关——自由软件不一定是免费软件。自由软件受"自由软件许可协议"保护,其发布以源码为主,二进制文件可有可无。

(2) 免费软件(freeware)是指不需要购买使用授权的软件。与免费软件相对的是商业软件(commercial software),商业软件通过收取使用授权费营利。

(3) 共享软件(shareware)是一般不开放源码的软件。商业用途(commercial use)的共享软件采用先试后买(try before you buy)的模式,为用户提供有限期(或部分功能受限)的免费试用,用以评测是否符合自己的使用需求,继而决定是否购买授权而继续使用该软件。非商业用途(non-commercial use)的共享软件多,一般通过内置广告营利。

(4) GNU(GNU's not UNIX)是一个反版权(copyleft)的概念,GNU 软件可以自由地使用、复制、修改、发布,所有 GNU 软件可授权给任何人使用。

(5) GPL(general public license,通用公共许可证)是一个被广泛使用的自由软件许可协议,保证用户运行、学习、分享(复制)及编辑软件的自由。

1.1.2　Linux 的产生背景

由于 UNIX 的商业化导致教学不便,Andrew Tanenbaum 教授开发了用于教学的类 UNIX 操作系统——Minix。该系统不受 AT&T 许可协议的约束,可以发布在 Internet 上免费给全世界的学生使用。芬兰大学生 Linus Torvalds 受 Minix 启发,开发了一个类 Minix 的操作系统,这就是 Linux 的雏形。

1.1.3　Linux 的发展历程

1991 年 10 月 5 日,Linus Torvalds 在新闻组 comp. os. minix 上发布了大约有 1 万行代码的 Linux 0.01。

1994 年 3 月,Linux 1.0 发布,代码约有 17 万行,按照完全自由免费的协议发布,随后正式采用 GPL 协议。至此,Linux 的代码开发进入良性循环。

1996 年 6 月,Linux 2.0 发布,此内核有大约 40 万行代码,并可以支持多个处理器。此时的 Linux 已经进入了实用阶段,全球大约有 350 万人使用。

1998 年 1 月,Red Hat 高级研发实验室成立,同年 Red Hat 5.0 获得了 InfoWorld 的操作系统奖项。

2000 年 2 月,Red Hat 发布了嵌入式 Linux 的开发环境,Linux 在嵌入式行业的潜力逐渐被发掘出来。

2003 年 1 月,NEC 宣布将在其手机中使用 Linux 操作系统,代表着 Linux 成功进军手机领域。

1.1.4　Linux 的应用领域

Linux 的应用领域主要有 4 个方面:服务器、嵌入式(移动)设备、软件开发、桌面应用。

1. 服务器

Linux 的开放性和可靠性使之成为首选的服务器操作系统之一,如 DHCP 服务器、DNS 服务器、Web 服务器、FTP 服务器、Email 服务器等。Linux 还支持多种硬件平台,易于与其他操作系统如 Windows、UNIX 等共存。

2. 嵌入式(移动)设备

Linux 的结构具有低成本、小内核以及模块化的特点,适合用作嵌入式(移动)设备的操作系统,如 Android、智能家电等。

3. 软件开发

基于 Linux 的开发人员可以使用 C/C++、PHP/Python 等开发程序。典型的开发环境

LAMP(Linux＋Apache＋MySQL/MariaDB＋PHP)在软件方面的投资成本较低,适合各种类型的企业搭建动态网站。

4. 桌面应用

Linux 的图形用户界面的体验不如 Windows 体验好,因此其在桌面应用领域的占有率较低。

1.2 Linux 的特点和组成

Linux 在较短的时间内取得了较快的发展,这与其自身的特点是分不开的。

1.2.1 Linux 的特点

1. 开放兼容

Linux 的源码公开,任何人都可以在遵循规则的情况下自由修改源码,不同版本的 Linux 之间的兼容性高。

2. 界面多样

Linux 提供了功能强大的文本界面和易于使用的图形界面,分别适用于不同需求的用户。

3. 设备独立

Linux 把所有的外部设备统一当作文件来管理,只要在系统安装了设备的驱动程序,就可以像文件一样操作设备。

4. 易于移植

Linux 可以方便地从一种硬件平台移植到另一种硬件平台。

1.2.2 Linux 的组成

Linux 有 4 个组成部分:内核、Shell、文件系统和应用程序。

1. 内核

Linux 内核采用 C 语言和汇编语言编写,具有处理器和进程管理、存储管理、设备管理、文件系统管理、网络通信管理、系统初始化和系统调用等功能。

2. Shell

Shell 是 Linux 的用户界面,提供了用户与内核进行交互的接口。Shell 实际上是一个命令解释器,解释由用户输入的命令并将它们送到内核去执行。Shell 还可以编写脚本,与程序设计语言类似。

3．文件系统

文件系统是文件存储在存储设备上的组织方法。Linux 支持多种文件系统,如 EXT2/3/4、FAT16/32、XFS 和 ISO 9660 等。

4．应用程序

Linux 一般包括各种应用程序,如开发工具、安全性工具、系统管理工具、网络工具、办公工具等。

1.3　Linux 的版本

Linux 的版本可分为内核版本和发行版本。

1.3.1　Linux 的内核版本

严格来说,Linux 这个词本身只表示 Linux 的内核,是操作系统最基本的部分。Linux 内核网站是 https://www.kernel.org/。

Linux 的内核版本有不同的管理方案。

(1) 早期版本有 0.01、0.02、0.03、0.10、0.11、0.12、0.95、0.96、0.97、0.98、0.99 及 1.0。

(2) 在 1.0 和 2.6 版之间,版本格式为 A.B.C,其中:

- A 是重大变化的内核。
- B 是重大修改的内核,奇数表示测试版本,偶数表示稳定版本。
- C 是轻微修订的内核,表示修复安全漏洞、增加新功能或驱动程序。

(3) 2.6.0 之后的版本格式为 A.B.C.D,其中:

- A 和 B 是无关紧要的。
- C 是内核版本。
- D 是安全补丁。

(4) 3.0 版本的格式为 3.A.B,其中:

- A 是内核版本。
- B 是安全补丁。

1.3.2　Linux 的发行版本

仅有内核的操作系统是无法使用的。一些组织和公司将 Linux 的内核、Shell 和应用程序打包,并提供安装界面、配置设置管理工具等,构成了 Linux 的发行版本(distribution)。Linux 的各发行版本的版本号各不相同,与内核版本的版本号相对独立。

按照打包方式划分,主流的 Linux 的发行版本有以下几种。

(1) 基于 DPKG:Debian 是一种强调使用自由软件的发行版本,支持多种硬件平台。Debian 及其派生发行版本使用 deb 软件包格式,并使用 dpkg 及其前端作为包管理器。

(2) 基于 RPM:Red Hat 和 SUSE 最早使用 RPM 格式软件包的发行版本。这两种发行版本后来都分为商业版本和社区支持版本。

（3）Slackware：Slackware 只吸收稳定版本的应用程序，缺少为发行版本定制的配置工具。

1.4　本章小结

Linux 是一个免费、多用户、多任务的操作系统。芬兰大学生 Linus Torvalds 受 Minix 启发，开发了一个类 Minix 的操作系统，这就是 Linux 的雏形。Linux 的应用领域主要有 4 个方面：服务器、嵌入式（移动）设备、软件开发、桌面应用。

Linux 的特点是开放兼容、界面多样、设备独立、易于移植。Linux 的 4 个组成部分为内核、Shell、文件系统和应用程序。

Linux 的版本可分为内核版本和发行版本。Linux 这个词本身只表示 Linux 的内核，是操作系统最基本的部分。Linux 的各发行版本的版本号各不相同，与内核版本的版本号相对独立。

第 2 章

安装 Linux

本章主要学习 Linux 的硬件要求和磁盘管理,安装 Linux 与初始化配置,登录、注销、重启和关闭 Linux。

本章的学习目标如下。

(1) 准备安装 Linux:了解 Linux 的硬件要求;掌握 Linux 的磁盘管理。

(2) 安装 Linux 与初始化配置:掌握安装 Linux 与初始化配置。

(3) 登录、注销、重启和关闭 Linux:掌握登录、注销、重启和关闭 Linux。

2.1 准备安装 Linux

安装 Linux 的准备工作包括了解 Linux 的硬件要求和磁盘分区的规划。

2.1.1 Linux 的硬件要求

1. 硬件要求

(1) CPU:近五年的 CPU 都能达到要求。

(2) 内存:至少需要 1GB(建议 2GB 以上)。

(3) 硬盘:最小化安装需要不到 1GB,完全安装所有软件包需要 10GB 以上。

(4) DVD 光驱。

2. 硬件兼容性

硬件兼容性指的是操作系统能够识别硬件并安装自带的驱动程序,或者硬件厂商开发了适配该操作系统的驱动程序。不是所有的硬件厂商都会开发适配所有操作系统的驱动程序。因此,在安装 Linux 之前必须确认所选硬件的兼容性,特别是最新的硬件。

2.1.2 Linux 的磁盘管理

1. 磁盘分区命名方案

(1) Windows 的磁盘分区命名方案

Windows 使用英文字母命名磁盘分区,每个磁盘分区的文件系统是独立的。文件系统为 NTFS 的磁盘分区可以使用装载到文件夹的方式,而无须占用英文字母。

(2) Linux 的磁盘分区命名方案

Linux 使用英文字母和数字的组合命名磁盘分区,格式为/dev/xxyN。

- /dev:Linux 中所有设备文件所在的目录名。

- xx：磁盘分区所在硬盘的类型 hd(IDE 硬盘)或 sd(SCSI/SATA/USB 硬盘)。
- y：磁盘分区所在硬盘的序号，用小写英文字母编号。
- N：同一个硬盘中的磁盘分区序号。主分区或扩展分区的序号范围为 1～4，逻辑分区的序号范围从 5 开始，见表 2.1。

表 2.1　磁盘分区类型和数量限制

磁盘分区类型	数量限制
主分区	≤4
扩展分区	≤1
主分区＋扩展分区	≤4

例如，/dev/hda1 表示第 1 块 IDE 硬盘的第 1 个主分区或者扩展分区；/dev/sdb6 表示第 2 块 SCSI/SATA/USB 硬盘的第 2 个逻辑分区。

2. 磁盘分区挂载

挂载(mount)是指将磁盘分区关联到某一目录，通过该目录对磁盘分区进行读写。Linux 中的每一个磁盘分区都必须挂载才能被读写。

Linux 的目录结构可以用一棵倒挂的树来表示。根目录是树根，表示为"/"，其他目录都是根目录的子目录或者是其子目录的子目录，如图 2.1 所示。

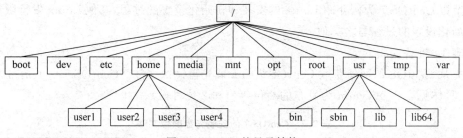

图 2.1　Linux 的目录结构

3. 磁盘分区规划

磁盘分区规划的依据是每个磁盘分区存储什么数据。

(1) 最简磁盘分区规划

- /(根)分区：建议大小为 10GB 或以上。
- /boot(引导)分区：存储与 Linux 启动有关的文件，建议大小为 200MB 或以上。
- swap(交换)分区：虚拟内存，建议大小为物理内存大小的 1～2 倍。

该磁盘分区规划的所有文件都在根分区，安全隐患大。

(2) 合理磁盘分区规划

根目录所在的磁盘分区是 Linux 启动时第一个载入的磁盘分区，所以启动过程中会用到的文件应该放在同一个磁盘分区中，如/dev、/etc。

读写频繁的、使用比较独立的目录建议独立为一个分区，如/home、/tmp、/var。

- / 分区：所有的目录都挂载在这个目录下面，建议大小为 1GB 或以上。

- /boot 分区：建议大小为 200MB 或以上。
- swap 分区：建议大小为物理内存大小的 1～2 倍。
- /usr 分区：存储 Linux 的应用程序，建议大小为 10GB 或以上。
- /var 分区：存储 Linux 经常变化的数据以及日志文件，建议大小为 1GB 或以上。
- /home 分区：普通用户的主目录，存储普通用户的数据，建议大小为剩下的空间。

4. 交换分区

CPU 所需的数据必须先读取到内存。内存的存取速度很快，但是容量有限。为了解决内存容量不足的问题，人们发明了虚拟内存技术，将磁盘上的一部分区域虚拟成内存，从而增加内存的总容量。

虚拟内存在 Linux 的实现方式有交换分区和交换文件两种，统称为交换空间。Linux 使用"最近最常使用"算法，将不经常使用的数据交换到虚拟内存，经常使用的数据保留在物理内存。

2.2　安装 Linux 与初始化设置

2.2.1　Linux 的安装

本节以 CentOS 7 为例介绍 Linux 的安装和初始化设置的过程，其他 Linux 发行版本的安装和初始化设置的过程与之类似。

步骤 1：准备安装。

首先从 CentOS 的网站获取 CentOS 7 的安装光盘镜像文件。CentOS 7 一共有 6 个不同的版本，具体见表 2.2(yymm 为发布的 2 位年份和 2 位月份)。

表 2.2　CentOS 7 的安装光盘映像文件

文 件 名	大 小	说 　 明
CentOS-7-x86_64-DVD-yymm. iso	4G	标准版(推荐)
CentOS-7-x86_64-Everything-yymm. iso	10G	完整版(包含大量的工具)
CentOS-7-x86_64-LiveGNOME-yymm. iso	1G	GNONE 桌面免安装版
CentOS-7-x86_64-LiveKDE-yymm. iso	2G	KDE 桌面免安装版
CentOS-7-x86_64-Minimal-yymm. iso	1G	最小版(只有最基本的工具)
CentOS-7-x86_64-NetInstall-yymm. iso	0.5G	网络安装(需要联网下载，在线安装)

这里以标准版为例进行介绍。

如果在物理计算机上安装，需要将安装光盘映像文件刻录到光盘或者写入 USB 闪存盘，并设置计算机从光驱或者 USB 闪存盘引导。

如果在虚拟机上安装，只需要将安装光盘映像文件加载到虚拟机的光驱。

步骤 2：安装引导。启动计算机后，CentOS 安装光盘会引导计算机并显示选择 Install CentOS 7(安装 CentOS 7)或者 Test this media & install CentOS 7(测试本介质并安装 CentOS 7)。测试目的是检测安装介质的完整性。为了稳妥起见，建议选择 Test this media

& install CentOS 7 并按 Enter 键继续,如图 2.2 所示。

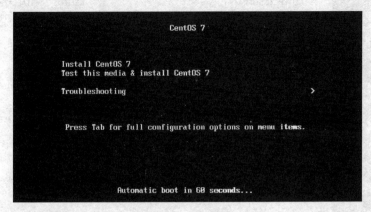

图 2.2 安装引导

步骤 3:开始安装进程。此步骤不需要任何操作,如图 2.3 和图 2.4 所示。

```
- Press the <ENTER> key to begin the installation process.
```

图 2.3 开始安装进程

```
- Press the <ENTER> key to begin the installation process.
[   7.441982] dracut-pre-udev[327]: modprobe: ERROR: could not insert 'floppy':
No such device
[  OK  ] Started Show Plymouth Boot Screen.
[  OK  ] Reached target Paths.
[  OK  ] Started Forward Password Requests to Plymouth Directory Watch.
[  OK  ] Reached target Basic System.
[  OK  ] Started Device-Mapper Multipath Device Controller.
         Starting Open-iSCSI...
[  OK  ] Started Open-iSCSI.
         Starting dracut initqueue hook...
[   8.714558] sd 0:0:0:0: [sda] Assuming drive cache: write through
[  11.173991] dracut-initqueue[695]: mount: /dev/sr0 is write-protected, mounting read-only
[  OK  ] Started Show Plymouth Boot Screen.
[  OK  ] Reached target Paths.
[  OK  ] Started Forward Password Requests to Plymouth Directory Watch.
[  OK  ] Reached target Basic System.
[  OK  ] Started Device-Mapper Multipath Device Controller.
         Starting Open-iSCSI...
[  OK  ] Started Open-iSCSI.
         Starting dracut initqueue hook...
[  11.173991] dracut-initqueue[695]: mount: /dev/sr0 is write-protected, mounting read-only
[  OK  ] Created slice system-checkisomd5.slice.
         Starting Media check on /dev/sr0...
/dev/sr0:     8bb338ea5436a2863746710b44ac3540
Fragment sums: 5d2292bff63cc47ee24ffbe453c08fb9276e3fda752d628b44ec514dfebe
Fragment count: 20
Press [Esc] to abort check.
Checking: 001.2%_
```

图 2.4 测试介质

步骤 4:选择安装过程中的使用语言,并单击 Continue 按钮继续。

步骤 5:安装信息摘要。此界面列出安装 CentOS 时的有关设置信息,包括日期和时间、键盘、语言支持、安装源、软件选择、安装位置、KDUMP、网络和主机名、安全策略,如图 2.5 所示。

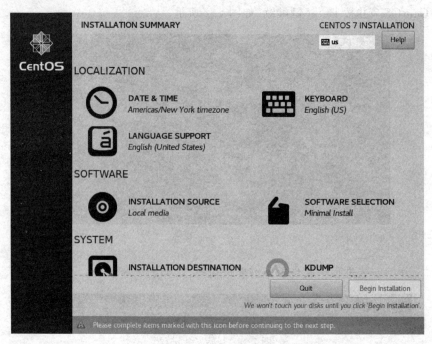

图 2.5 安装信息摘要

步骤 6：日期和时间。单击 DATE & TIME 选择区域和城市，或者直接在地图上单击选择，选择是否启用网络时间，设置日期和时间，选择 12 小时制或者 24 小时制，并单击左上角的 Done 按钮返回。选择启用网络时间需要指定时间服务器。

步骤 7：键盘。单击 KEYBOARD LAYOUT，根据需要添加或者修改键盘布局，并单击左上角的 Done 按钮返回，如图 2.6 所示。

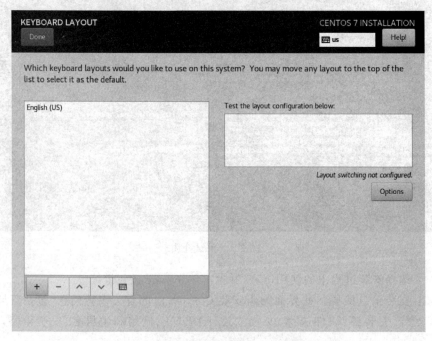

图 2.6 键盘

步骤8：语言支持。单击LANGUAGE SUPPORT，根据需要选择额外的语言支持，并单击左上角的Done按钮返回。

步骤9：安装源。单击INSTALLATION SOURCE，根据需要选择安装源和额外的软件仓库，并单击左上角的Done按钮返回，如图2.7所示。

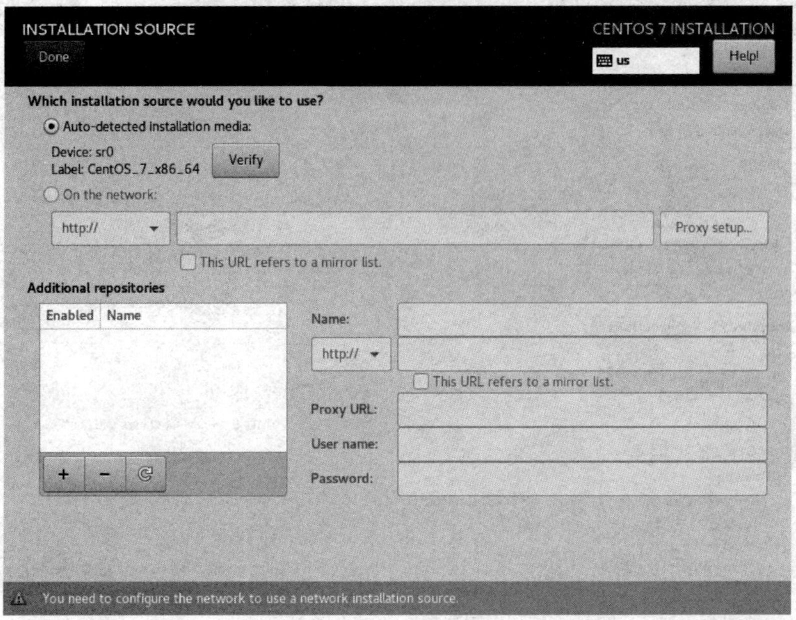

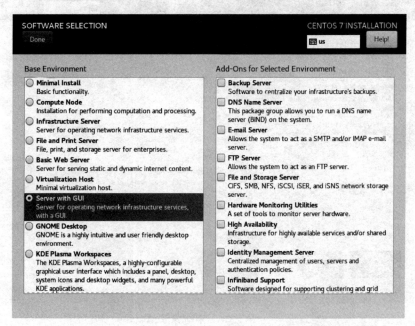

图2.7　安装源

步骤10：软件选择。单击SOFTWARE SELECTION，根据需要选择基本环境和附加组件，并单击左上角的Done按钮返回，如图2.8所示。不同的基本环境和附加组件的软件包数量不同，所需的磁盘空间不同，安装时长也不同。

图2.8　软件选择

步骤 11: 安装位置。将"安装信息摘要"界面滚动到底部,单击 INSTALLATION DESTINATION,单击 I will configure partitioning(我要配置分区),并单击左上角的 Done 按钮进入 MANUAL PARTITIONING(手动分区),如图 2.9 所示。

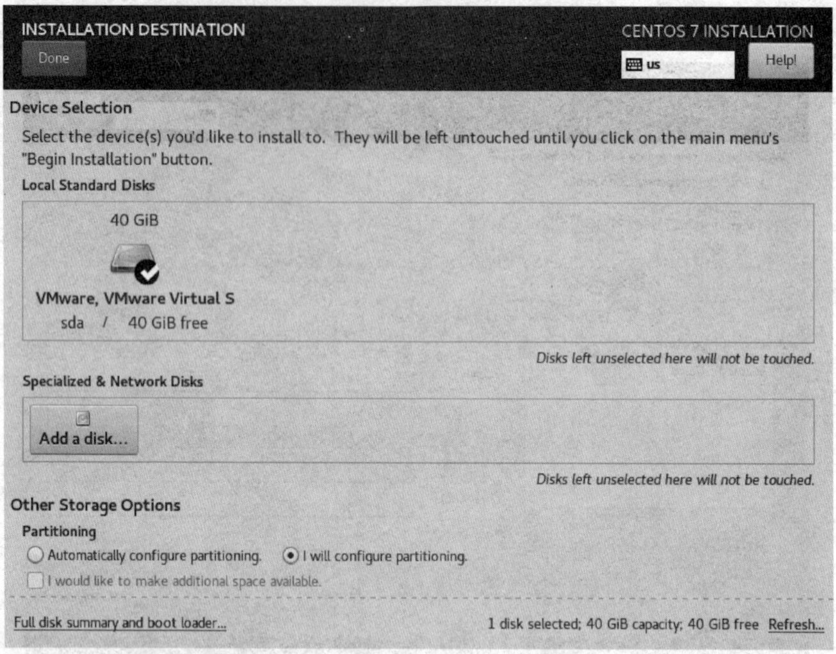

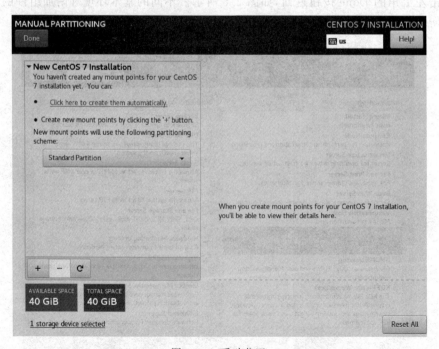

图 2.9　安装位置

在 New mount points will use the following partitioning scheme(新挂载点将使用以下分区方案)中选择 Standard Partition(标准分区),如图 2.10 所示。

图 2.10　手动分区

单击左下角的＋按钮,添加三个新挂载点,分别是/boot、/、swap,如图 2.11～图 2.13 所示。

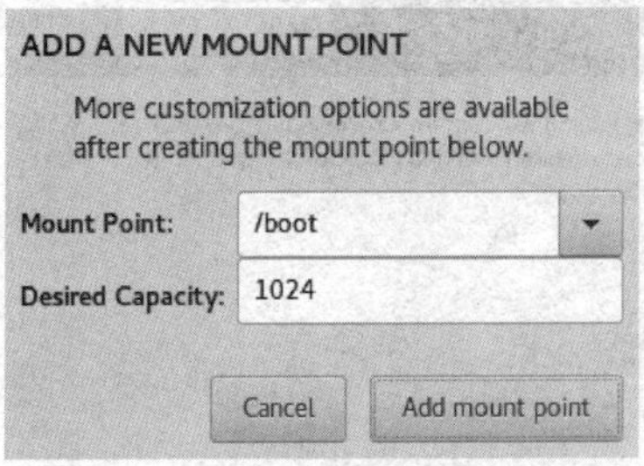

图 2.11 新挂载点/boot

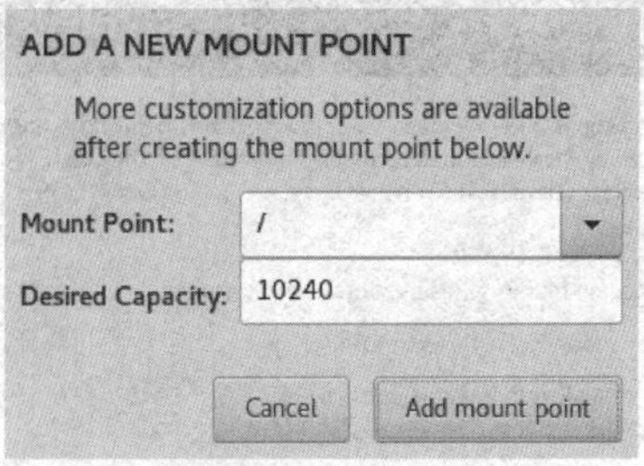

图 2.12 新挂载点/

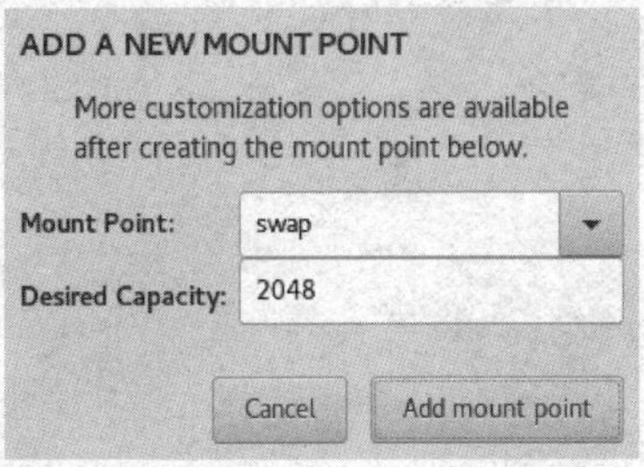

图 2.13 新挂载点 swap

单击左上角的 Done 按钮,显示 SUMMARY OF CHANGES(更改摘要)。确认无误后单击 Accept Changes(接受更改)按钮,如图 2.14 所示。

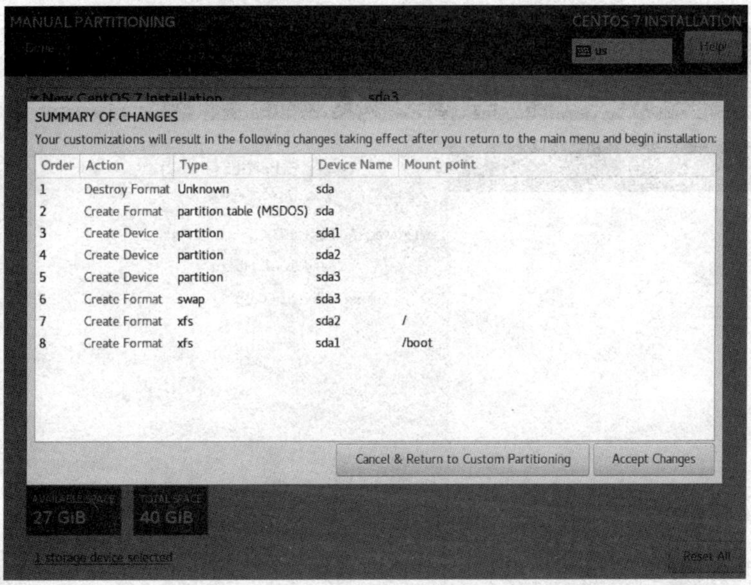

图 2.14 更改摘要

步骤 12:KDUMP。KDUMP 是一种内核崩溃转储机制,类似于 Windows 的调试信息转储。当系统崩溃时,KDUMP 将从系统捕获信息用于分析崩溃的原因。Linux 内核的开发和分析才需要用到该机制,普通用户一般不需要。单击 KDUMP,启用或禁用 KDUMP,并单击左上角的 Done 按钮返回,如图 2.15 所示。

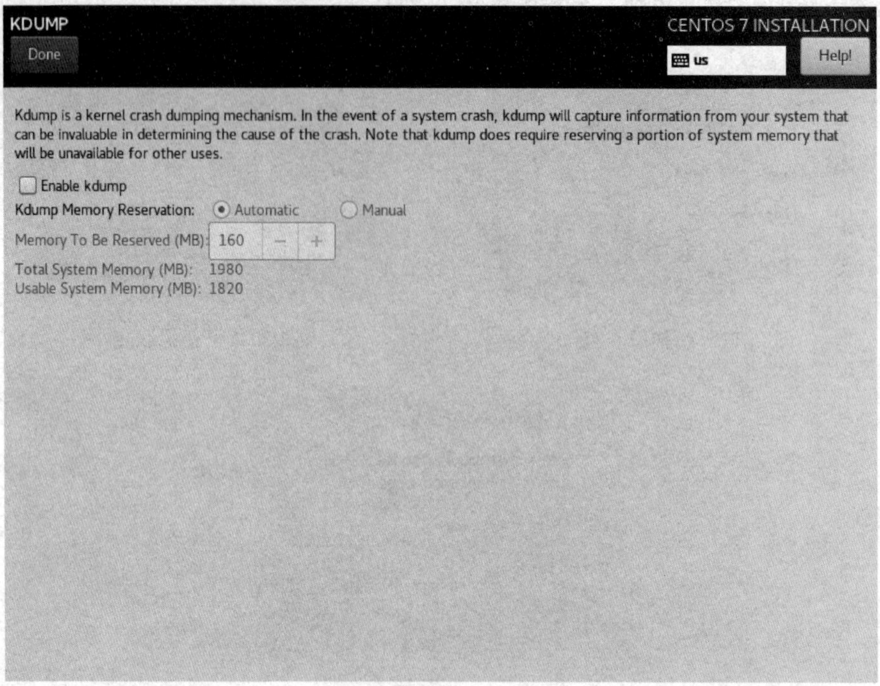

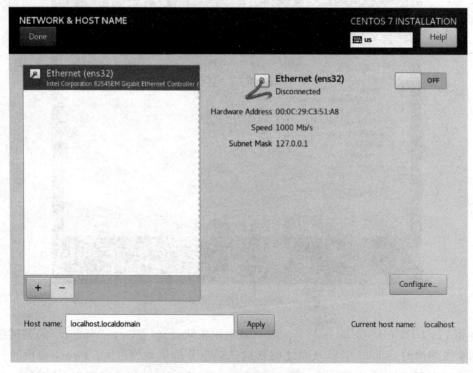

图 2.15　KDUMP

步骤 13：网络和主机名。单击 NETWORK & HOST NAME，单击 Configure（配置）按钮，如图 2.16 所示。

图 2.16　网络和主机名

切换到 General（常规）选项卡，勾选 Automatically connect to this network when it is available（可用时自动链接到这个网络），如图 2.17 所示。

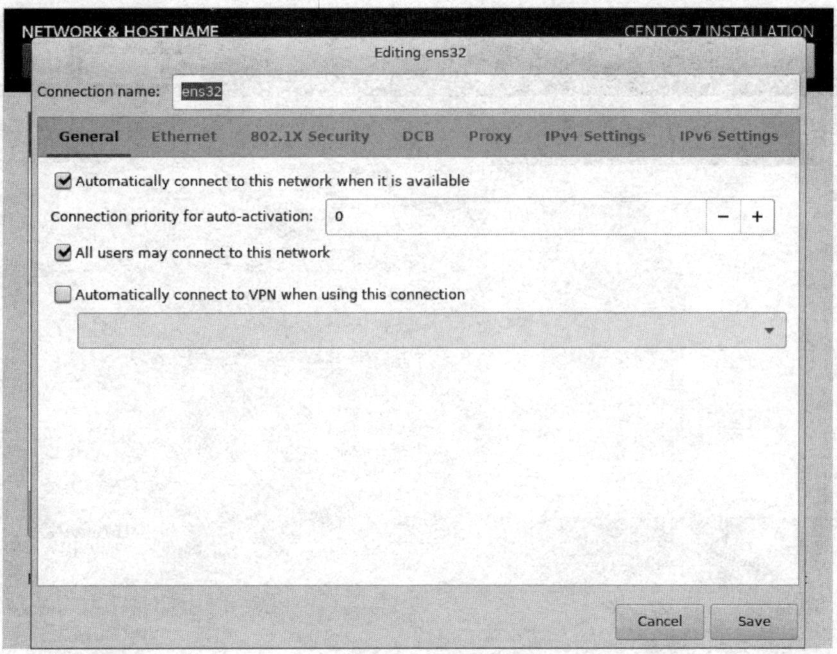

图 2.17 常规设置

切换到 IPv4 Settings（IPv4 设置）选项卡，在 Method（方法）中选择 Manual（手动），单击 Add（添加）按钮，分别输入 Address（IP 地址）、Netmask（子网掩码）、Gateway（默认网关），并输入 DNS servers（DNS 服务器），单击 Save（保存）按钮，如图 2.18 所示。

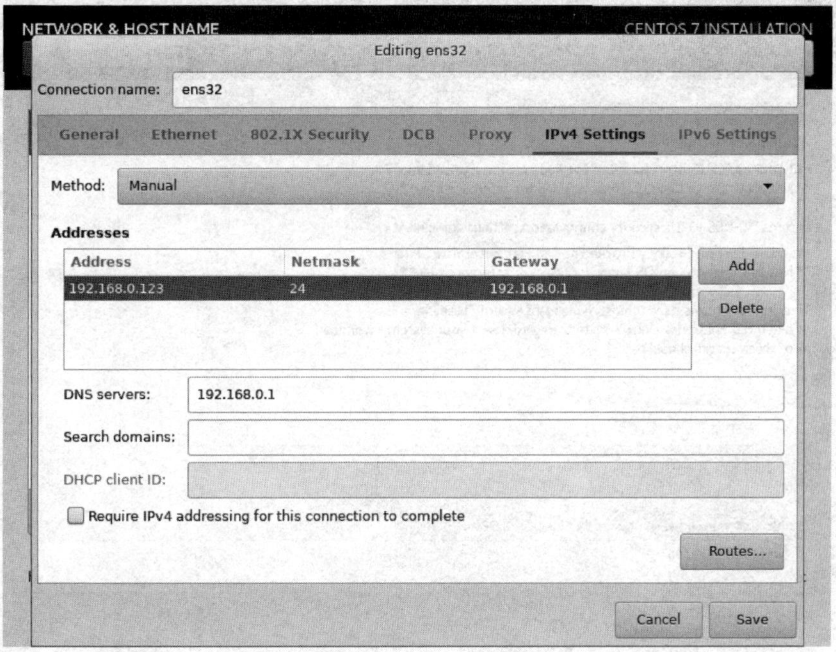

图 2.18 IPv4 设置

根据需要修改主机名并单击 Apply(应用)按钮,并单击左上角的 Done 按钮返回,如图 2.19 所示。

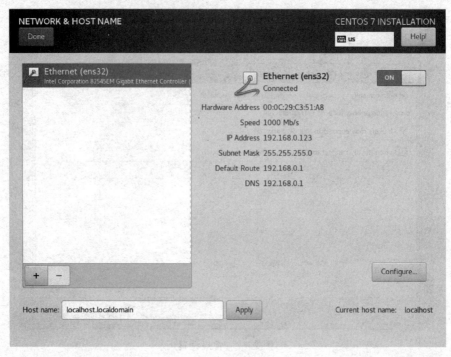

图 2.19 主机名设置

步骤 14:安全策略。单击 SECURITY POLICY,根据需要选择一项安全策略配置文件,并单击左上角的 Done 按钮返回,如图 2.20 所示。

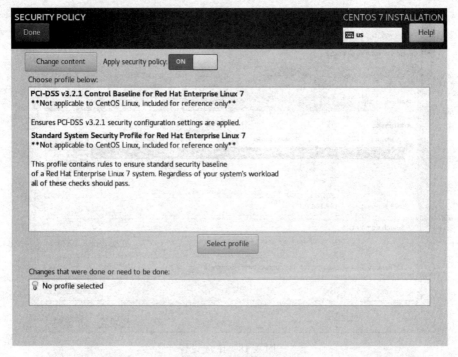

图 2.20 安全策略

步骤 15：单击 Begin Installation(开始安装)按钮,进入安装进程,如图 2.21 和图 2.22 所示。

图 2.21 开始安装

图 2.22 开始安装进程

步骤 16：root 用户密码。Linux 的 root 用户相当于 Windows 的 Administrator 用户。因此,对于生产环境中的系统,必须设置一个符合密码复杂性要求的密码。单击 Root Password,设置密码,并单击左上角的 Done 按钮返回,如图 2.23 所示。

步骤 17：创建用户。由于 root 可以完全控制 Linux,如果误操作将影响系统的稳定性,甚

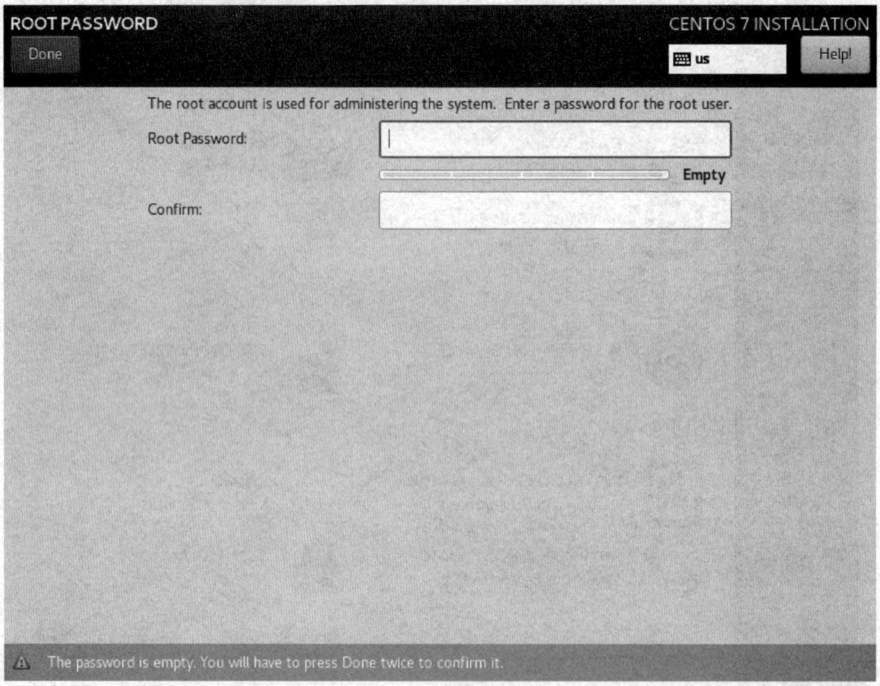

图 2.23　root 用户密码

至破坏整个系统,所以一般会创建一个普通用户用于日常使用。单击 USER CREATION 后,输入新用户的 Full name(全名)、User name(用户名)、Password(密码),并单击左上角的 Done 按钮返回,如图 2.24 所示。

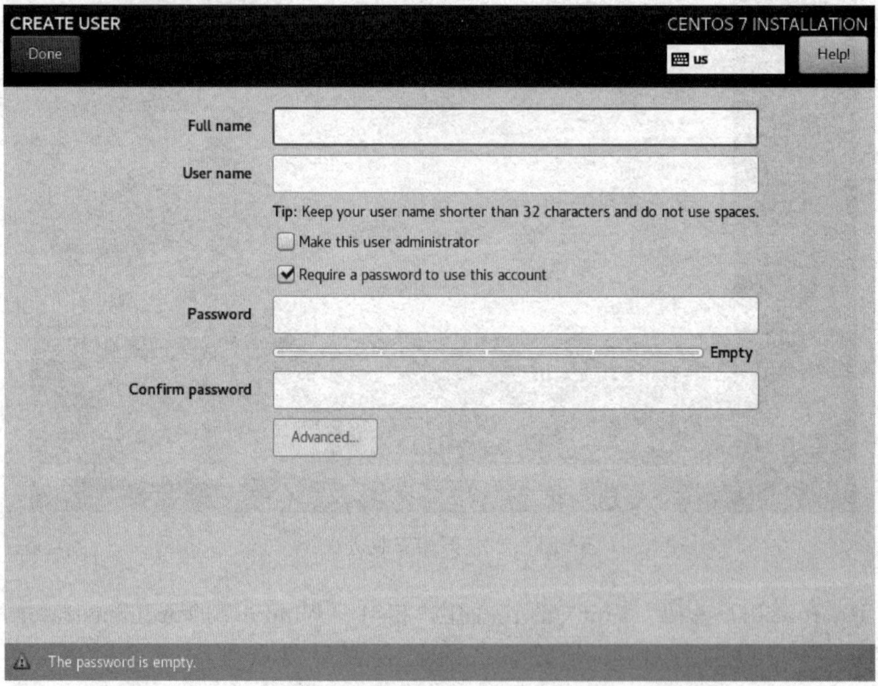

图 2.24　创建用户

步骤18：安装完成，单击 Reboot 按钮重启系统，如图 2.25 所示。

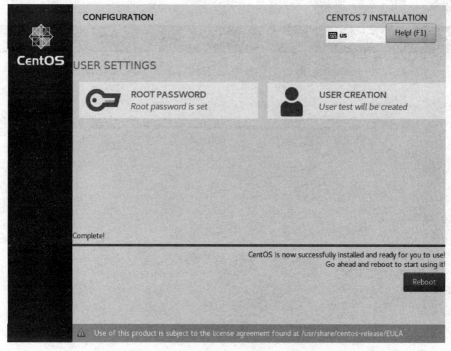

图 2.25　安装完成

2.2.2　初始化设置

Linux 安装完成后，还需要对其进行初始化设置，才能使用。重启系统完成后，会自动进入初始化设置，如图 2.26 所示。

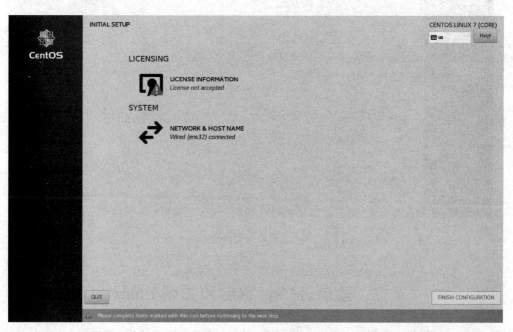

图 2.26　初始化设置

单击 LICENSING,阅读并勾选 I accept the license agreement(我同意许可协议),单击 Done 按钮返回,如图 2.27 所示。

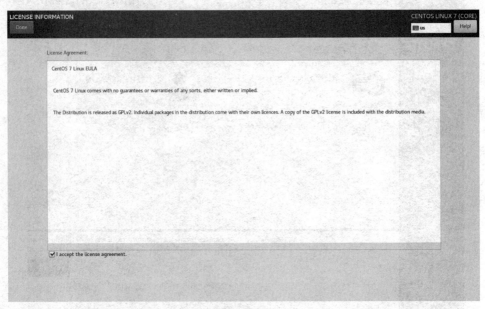

图 2.27　许可信息

初始化设置完成后,单击 FINISH CONFIGURATION(完成配置)按钮,如图 2.28 所示。

图 2.28　完成配置

2.3　登录、注销、重启和关闭 Linux

使用 Linux 前必须先登录 Linux。使用完可以根据需要选择注销、重启或关闭 Linux。

2.3.1 登录 Linux

登录 Linux 是一个验证用户身份的过程。用户必须输入正确的用户名和密码才能登录和使用 Linux。

1. 输入用户名和密码

登录界面显示的是系统已经创建的普通用户的用户名,单击该用户名并输入密码后就可以以该普通用户的身份登录 Linux,如图 2.29 所示。

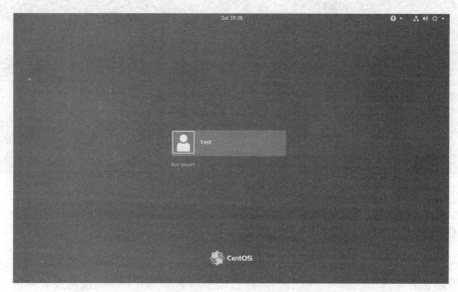

图 2.29　登录界面

如果要以 root 用户身份登录,需要单击 Not listed(未列出),输入用户名 root 并单击 Next 按钮,如图 2.30 所示。

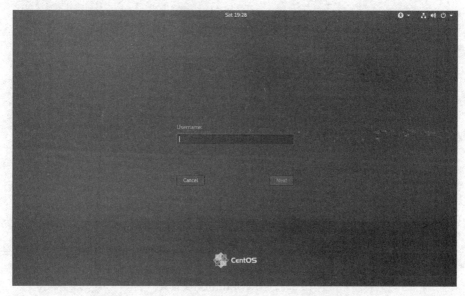

图 2.30　输入用户名

输入密码并单击 Sign In(登录)按钮,如图 2.31 所示。

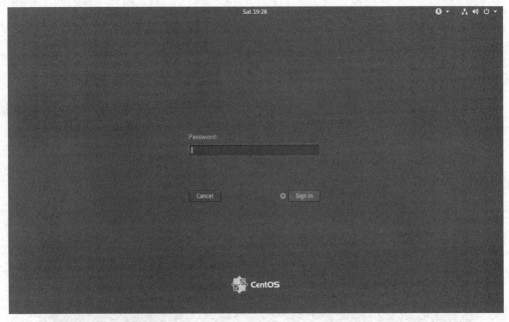

图 2.31　输入密码

2. GNOME 初始化设置

用户首次登录 Linux 时,CentOS 会自动运行 gnome-initial-setup(GNOME 初始化设置),分别设置语言、输入、隐私、在线账号,根据需要设置并单击 Next 按钮或者单击 Skip(跳过)按钮,如图 2.32~图 2.35 所示。

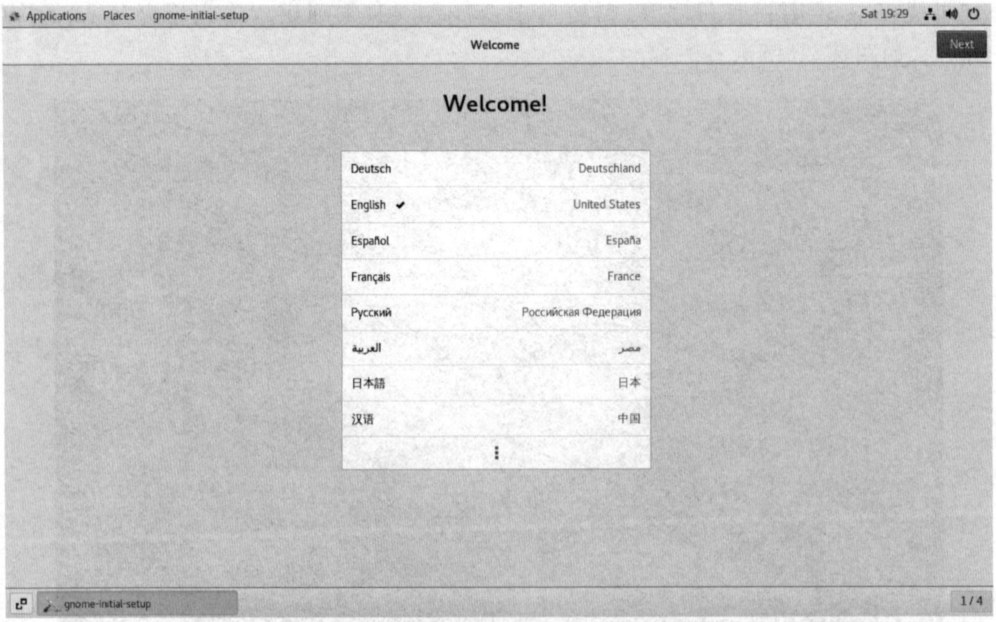

图 2.32　GNOME 初始化设置

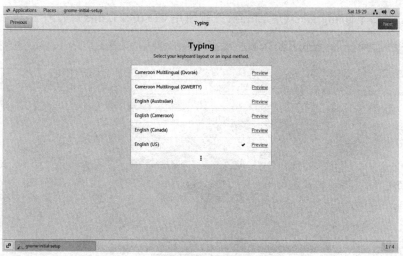

图 2.33　输入

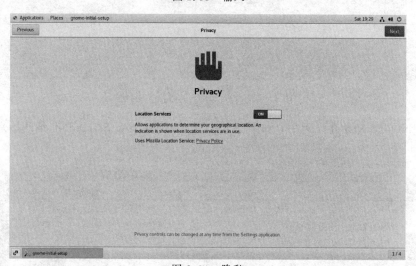

图 2.34　隐私

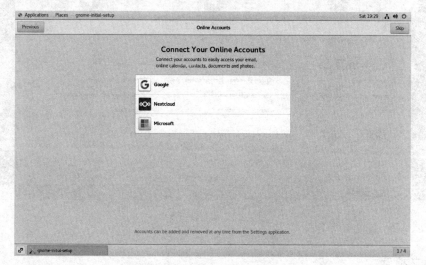

图 2.35　在线账号

最后单击 Start Using CentOS Linux(开始使用 CentOS Linux)，如图 2.36 所示。

图 2.36　开始使用 CentOS Linux

完成 GNOME 初始化设置后，CentOS 会自动运行 Getting Started(准备开始)，如图 2.37 所示。

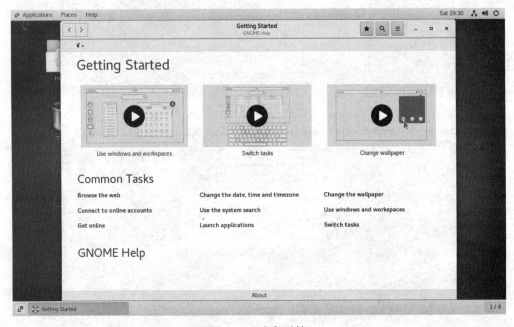

图 2.37　准备开始

3. 图形界面

CentOS 的屏幕默认分辨率较高，如果要调低，可以通过 Applications(应用程序)→

System Tools(系统工具)→Settings(设置),打开 Settings 对话框,如图 2.38 所示。

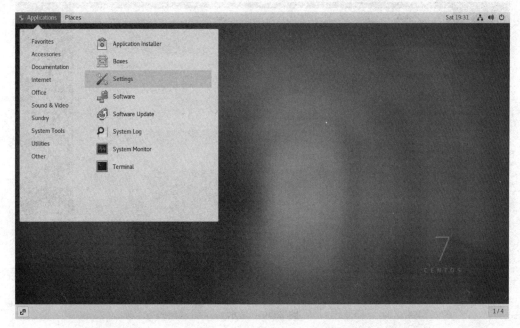

图 2.38　打开 Settings 对话框

切换到 Devices(设备)→Display(显示)→Resolution(分辨率),选择一个合适的分辨率并单击 Apply 按钮,再单击 Keep Changes(保留更改),如图 2.39～图 2.42 所示。

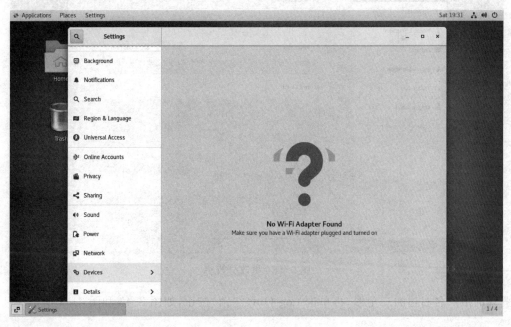

图 2.39　设备

2.3.2　注销 Linux

如果要以另一个用户身份登录,单击桌面右上角的电源标志按钮,在弹出的菜单中单击当

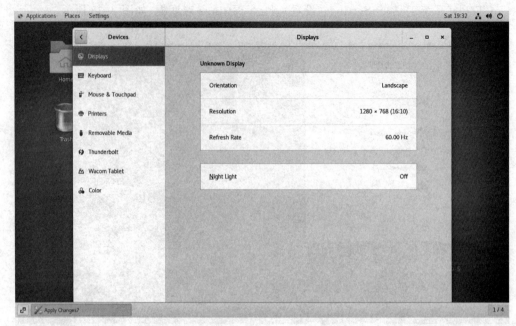

图 2.40　显示

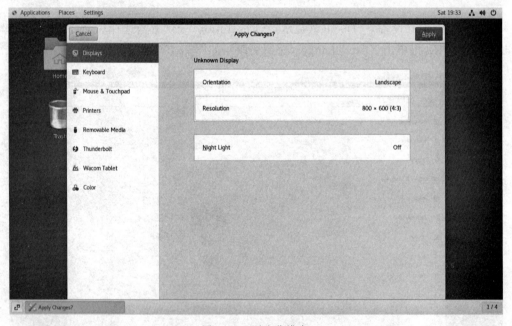

图 2.41　更改分辨率

前登录的用户名右边的三角形,再单击 Log Out(注销)按钮,如图 2.43 和图 2.44 所示。

2.3.3　重启和关闭 Linux

如果要重启或关闭 Linux,单击桌面右上角的电源标志按钮,再单击弹出的菜单右下角的电源标志按钮,最后单击 Restart(重启)或 Power Off(关机),如图 2.45 所示。

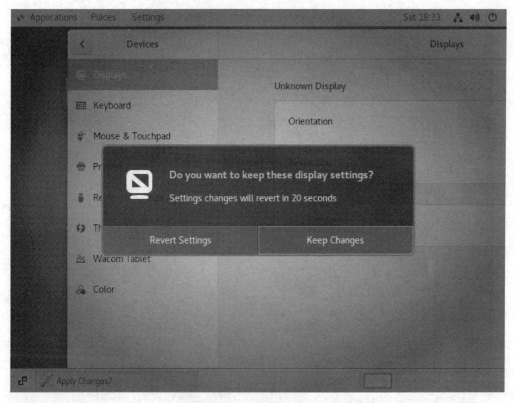

图 2.42 保留更改

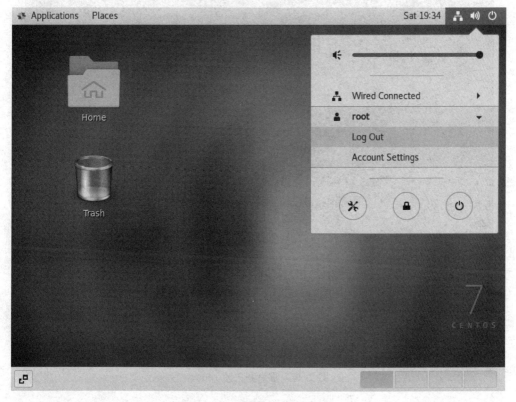

图 2.43 电源标志按钮菜单

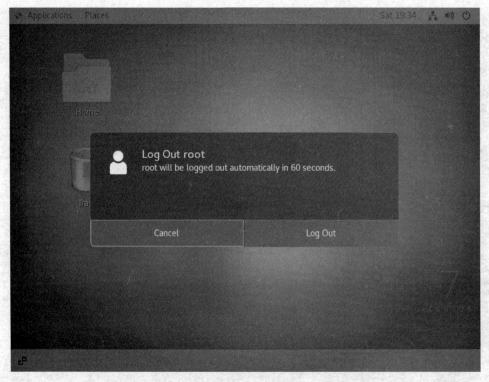

图 2.44　注销用户

图 2.45　重启和关闭 Linux

2.4 项目实践 安装 Linux

项目说明

本项目重点学习在一台新的服务器上安装 Linux。通过本项目的学习,获得以下 3 方面的学习成果。

(1) Linux 的分区规划。

(2) Linux 的安装。

(3) Linux 的登录、注销、重启和关闭。

任务 1 安装 Linux

1. 任务要求

(1) 创建 1 台 VMware 虚拟机,要求见表 2.3,其他选项保持默认。

表 2.3 VMware 虚拟机

步 骤	要 求
配置类型	自定义(高级)
安装来源	稍后安装操作系统
客户机操作系统	Linux
版本	CentOS 64 位
位置	E:\学号\CentOS 64 位
内存	2048MB
网络类型	仅主机模式
磁盘容量	40GB,将虚拟磁盘存储为单个文件

(2) 规划 Linux 分区,要求见表 2.4,其他选项保持默认。

表 2.4 Linux 分区规划

挂载点	/boot	/	swap
期望容量/MB	1024	10240	2048

(3) 配置网络和主机名,要求见表 2.5,其他选项保持默认。

表 2.5 网络和主机名配置表

选 项	要 求
可用时自动链接到这个网络	启用
IPv4 地址	192.168.X.123/24(X 为学号最后两位,下同)
网关	192.168.X.1
DNS 服务器	192.168.X.1

(4) 安装 Linux,要求见表 2.6,其他选项保持默认。

表 2.6　Linux 安装要求

步　　骤	要　　求
日期和时间	亚洲、上海
软件选择	带 GUI 的服务器
安装位置	见 Linux 分区规划表
KDUMP	禁用
网络和主机名	见网络和主机名配置表
root 用户密码	自定义
创建用户	用户名：学号姓名拼音首字母；密码：自定义

2. 任务步骤

步骤 1：新建 VMware 虚拟机。
步骤 2：安装 Linux。

任务 2　初始化设置

1. 任务要求

对安装完成后的 Linux 进行初始化设置。

2. 任务步骤

步骤 1：同意许可协议。
步骤 2：连接网络。

任务 3　登录、注销、重启和关闭 Linux

1. 任务要求

(1) 以 root 用户和任务 1 创建的用户身份登录 Linux。
(2) 以任务 1 创建的用户身份登录 Linux。

2. 任务步骤

步骤 1：以 root 用户身份登录 Linux。
步骤 2：以任务 1 创建的用户身份登录 Linux。
步骤 3：重启和关闭 Linux。

2.5　本 章 小 结

　　Linux 的硬件要求不高。在安装 Linux 之前必须确认所选硬件的兼容性。Linux 使用英文字母和数字的组合命名磁盘分区。Linux 中的每一个磁盘分区都必须挂载才能被读写。根目录所在的磁盘分区是 Linux 启动时第一个载入的磁盘分区，所以启动过程中用到的文件应该放在同一个磁盘分区中,读写频繁的、使用比较独立的目录建议独立为一个分区。虚拟内存在 Linux 的实现方式有交换分区和交换文件两种。

　　Linux 安装时可以根据需要选择基本环境和附加组件,不同的基本环境和附加组件的软件包数量不同,所需的磁盘空间不同,安装时长也不同。Linux 安装完成后,还需要对其进行初始化设置,才能使用。

　　登录 Linux 是一个验证用户身份的过程。用户必须输入正确的用户名或密码才能登录和使用 Linux。

第3章

文本界面基础

本章主要学习 Linux 进入文本界面的方式、关闭和重启系统、目标,获取帮助,Shell、Bash、Shell 提示符和命令格式、Shell 常用快捷键、编辑命令行、特殊字符、通配符、命令行补全和历史记录,命令排列、替换和别名,管道和重定向,文本编辑器 vi。

本章的学习目标如下。

(1) 文本界面:掌握进入文本界面的方式,关闭和重启系统、目标。

(2) 获取帮助:掌握获取帮助:man 和 help。

(3) Shell 基础:了解 Shell、Bash、Shell 提示符和命令格式、Shell 常用快捷键、编辑命令行、特殊字符;掌握通配符、命令行补全和历史记录。

(4) 命令排列、替换和别名:掌握命令排列、替换和别名。

(5) 管道和重定向:掌握管道和重定向。

(6) 文本编辑器:了解文本编辑器 vi;掌握文本编辑器 vi 基本操作。

3.1 文 本 界 面

Linux 的文本界面又称为文本模式(text mode)、字符界面、命令行界面(command line interface,CLI)。

3.1.1 进入文本界面

Linux 的文本界面可以通过图形界面的终端、虚拟控制台以及文本界面等方式进入。

1. 终端

终端是 Linux 图形界面允许用户输入命令的工具,如图 3.1 所示。

- 启动终端:单击 Applications→System Tools→Terminal。
- 快速启动终端:桌面空白处右击→E 键。
- 退出终端:输入命令 exit 并按 Enter 键或者快捷键 Ctrl+D。

2. 虚拟控制台

通过虚拟控制台,Linux 允许多个用户同时登录,还允许一个用户同时多次登录。

- 从图形界面切换到虚拟控制台:Ctrl+Alt+F2+…+F6。
- 从虚拟控制台切换到图形界面:Ctrl+Alt+F1。
- 从文本界面切换到虚拟控制台:Alt+F1+…+F6。

图 3.1 终端

3. 文本界面

安装 Linux 之后,启动默认进入的用户界面是图形界面。如果想要设置启动默认进入的是文本界面,则需要运行以下命令。

```
[root@localhost ~ ]#systemctl get-default
graphical.target
// 查看 Linux 启动后的默认界面,graphical.target 表示图形界面
[root@localhost ~ ]#systemctl set-default multi-user.target
Removed symlink /etc/systemd/system/default.target.
Created symlink from /etc/systemd/system/default.target to /usr/lib/systemd/
system/multi-user.target.
// 将 multi-user.target 设置为 Linux 启动后的默认界面,multi-user.target 表示文本界面
```

重启系统后的默认界面变为文本界面,如图 3.2 所示。

```
CentOS Linux 7 (Core)
Kernel 3.10.0-1127.el7.x86_64 on an x86_64

localhost login:
```

图 3.2 文本界面

输入用户名和密码(不显示)后就可以登录 Linux,如图 3.3 所示。

```
CentOS Linux 7 (Core)
Kernel 3.10.0-1127.el7.x86_64 on an x86_64

localhost login: root
Password:
Last login: Sat Sep 12 19:43:20 on :0
[root@localhost ~]#
```

图 3.3 文本界面登录 Linux

如果从文本界面进入图形界面,则输入命令 startx 并按 Enter 键。

如果想要设置启动默认进入的是图形界面,则需要运行以下命令。

```
[root@localhost ~ ]#systemctl set-default graphical.target
Removed symlink /etc/systemd/system/default.target.
Created symlink from /etc/systemd/system/default. target to /usr/lib/systemd/
system/graphical.target.
```

3.1.2 关闭和重启系统

如果通过直接断电的方式来关闭计算机,会导致尚未保存的数据丢失,甚至损坏系统和硬件设备。

关闭和重启系统前需要完成以下工作。

(1) 通知已登录的用户关闭系统的时间。

(2) 将缓冲区内的文件写到外存。

Linux 关闭和重启系统的命令有 shutdown、halt、poweroff、reboot、logout/exit 等。

1. shutdown

shutdown 可以关闭所有程序,并根据用户的需要重新开机或关机。其语法格式为

```
shutdown [选项] [时间] [警告信息]
```

shutdown 命令的常用选项及其含义见表 3.1。

表 3.1 shutdown 命令的常用选项及其含义

选 项	含 义
-c	中断关闭系统
-h	关闭系统
-k	发送警告信息给所有用户,不关闭系统
-r	重启系统
[时间]	设置多久时间之后关闭系统
[警告信息]	发送给所有已登录用户的信息

【例 3.1】 立即关闭系统。

```
[root@localhost ~ ]#shutdown -h now
```

【例 3.2】 30 分钟后重新启动系统,并提醒所有用户保存文件。

```
[root@localhost ~ ]#shutdown -r 30 "Please save all files."
Shutdown scheduled for Sat 2020-09-12 20:13:52 CST, use 'shutdown -c' to cancel.
```

【例 3.3】 取消关闭系统。

```
[root@localhost ~ ]#shutdown -c

Broadcast message from root@localhost.localdomain (Sat 2020-09-12 19:44:11 CST):

The system shutdown has been cancelled at Sat 2020-09-12 19:45:11 CST!
```

2. halt

halt 用于关闭系统,相当于命令"shutdown -h now",但是默认不会关闭电源。其语法格式为

```
halt [选项]
```

halt 命令的常用选项及其含义见表 3.2。

表 3.2　halt 命令的常用选项及其含义

选项	含 义
-d	关闭系统,不记录到日志文件/var/log/wtmp
-f	不调用 shutdown 而强制关闭系统
-w	不关闭系统,只记录到日志文件/var/log/wtmp
-p	关闭系统,并运行 poweroff

【例 3.4】　使用 halt 命令关闭系统。

```
[root@localhost ~ ]#halt
```

3. poweroff

poweroff 用于关闭系统,相当于命令"shutdown-h now"。

【例 3.5】　使用 poweroff 命令关闭系统。

```
[root@localhost ~ ]#poweroff
```

4. reboot

reboot 用于重启系统,相当于命令"shutdown-r now"。其语法格式为

```
reboot [选项]
```

reboot 命令的常用选项及其含义见表 3.3。

表 3.3　reboot 命令的常用选项及其含义

选项	含 义
-d	重启系统,不记录到日志文件/var/log/wtmp
-f	不调用 shutdown 而强制重启系统
-w	不重启系统,只记录到日志文件/var/log/wtmp

【例 3.6】 使用 reboot 命令重启计算机。

```
[root@localhost ~ ]#reboot
```

5. logout/exit

logout 用于在文本界面下注销当前登录的用户并回到登录界面。

exit 用于在文本界面下注销当前登录的用户并回到登录界面,在图形界面退出终端。

3.1.3 目标

CentOS 7 之前的版本使用运行级别(run level)代表不同的系统运行模式。运行级别有 7 个,用数字 0~6 表示。每个运行级别默认运行的服务不同。

CentOS 7 使用目标(target)代替了运行级别,见表 3.4。目标使用目标单元文件描述,文件扩展名是". target"。目标单元文件是将 systemd 单元文件通过一连串的依赖关系组织在一起。例如,graphical. target 用于启动一个图形界面会话,systemd 会启动 GNOME 显示管理服务(gdm. service)、账号服务(axxounts-daemon)等服务,并且会启动 multi-user. target 单元;而 multi-user. target 单元会启动网络管理服务(networkmanager. service)、进程间通信服务(dbus. service),并启动 basic. target 单元。

表 3.4 目标和运行级别对应关系

运行级别	目标单元文件	运行级别单元文件	功　能
0	poweroff. target	runleve10. target	关闭系统
1	rescue. target	runleve11. target	文本界面单用户模式(维护/救援),相当于 Windows 的安全模式
2	multi-user. target	runleve12. target	文本界面多用户模式
3	multi-user. target	runleve13. target	文本界面多用户模式(完整)
4	multi-user. target	runleve14. target	文本界面多用户模式(自定义)
5	graphical. target	runleve15. target	图形界面多用户模式
6	reboot. target	runleve16. target	重启系统

CentOS 7 之前的版本运行命令 run level,查看当前运行级别;运行命令 init n,改变当前运行级别;修改文件/etc/inittab,设置默认运行级别。

CentOS 7 运行以下命令查看当前目标:

```
[root@localhost ~ ]#systemctl get-default
```

运行以下命令改变当前目标为文本界面多用户模式:

```
[root@localhost ~ ]#systemctl isolate multi-user.target
```

运行以下命令设置默认目标为文本界面多用户模式:

```
[root@localhost ~ ]#systemctl set-default multi-user.target
```

3.2 获取帮助

使用帮助可以快速了解 Linux 命令的功能、选项和参数等信息。

3.2.1 man

man(Manual)用于查看命令、函数或文件的手册。手册文件一般存储在/usr/share/man中。其语法格式为

man［选项］［命令］

【例3.7】 显示命令 ls 的手册,如图 3.4 所示。

[root@localhost ~]#man ls

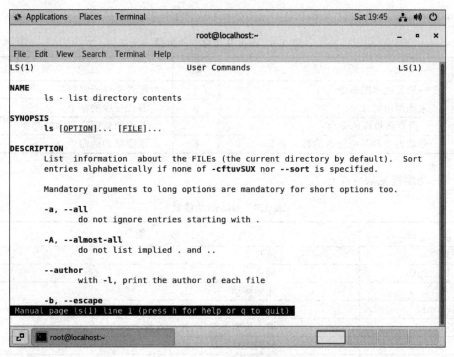

图 3.4 显示命令 ls 的 man 手册

man 手册的组成见表 3.5。

表 3.5 man 手册的组成

字 段	说 明
Header	标题
NAME	命令/函数的功能概述
SYNOPSIS	命令/函数用法的简单描述
AVAILABILITY	命令/函数用法的可用性说明

续表

字　　段	说　　明
DESCRIPTION	命令/函数的详细描述
OPTIONS	命令的所有选项的详细说明
RETURN VALUE	函数返回值
ERRORS	调用函数所有出错的值和可能引起错误的原因
FILES	命令/函数所用到的相关系统文件
ENVIRONMENT	命令/函数相关的环境变量
NOTES	不常用的用法或实现的细节
BUGS	已知的错误和警告
HISTORY	命令/函数的历史发展
AUTHOR	手册作者
COPYRIGHT	版权声明
SEE ALSO	可以参照的其他的相关命令/函数
Others	其他信息

man 手册命令的类型见表 3.6。

表 3.6　man 手册命令的类型

编号	类　　型	编号	类　　型
1	一般使用者的命令	5	配置文件的解释
2	系统调用的命令	6	游戏程序的命令
3	C 语言函数库的命令	7	其他的软件或程序的命令
4	驱动程序和系统设备的有关解释	8	系统维护的命令

man 的功能键见表 3.7。

表 3.7　man 的功能键

按　　键	功　　能
q	离开
PgUp/PgDn	翻页
→ ← ↑ ↓	光标移动
/keyword	向下搜索关键字,按 n 查找下一个
?keyword	向上搜索关键字,按 n 查找上一个
Home	回到文首
End	回到文末

3.2.2　info

info(information)用于查看命令的 info 文档,与 man 类似,功能键也只有少许不同。info 文档一般存储在/usr/share/info 中。其语法格式为

```
info[选项][命令]
```

显示命令 ls 的 info 文档,如图 3.5 所示。

```
[root@localhost ~ ]#info ls
```

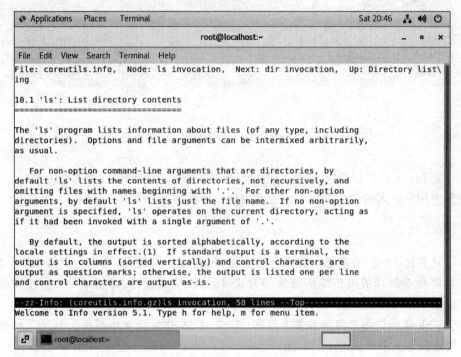

图 3.5 显示命令 ls 的 info 文档

3.2.3 help

1. 选项 help

选项 help 用于显示命令的用法,但不能显示 Shell 内置命令的用法。其语法格式为

```
[命令] --help
```

【例 3.8】 查看命令 ls 的帮助。

```
[root@localhost ~ ]#ls --help
Usage: ls [OPTION]... [FILE]...
List information about the FILEs (the current directory by default).
Sort entries alphabetically if none of -cftuvSUX nor --sort is specified.
// 以下省略
```

2. 命令 help

命令 help 用于显示 Shell 内置命令的用法。其语法格式为

```
help [命令]
```

【例 3.9】 查看内置命令 cd 的帮助。

```
[root@localhost ~ ]#help cd
cd: cd [-L|[-P [-e]]] [dir]
    Change the shell working directory.

    Change the current directory to DIR. The default DIR is the value of the
    HOME shell variable.
// 以下省略
```

3.3 Shell

Shell 是 Linux 的用户界面,提供了用户与内核进行交互的接口。它实际上是一个命令解释器,解释由用户输入的命令并将它们送到内核去运行。

3.3.1 Shell 简介

Shell 的本意是"壳"的意思。在内核的外面,包裹着一层外壳,用来负责接收用户输入的命令,然后将命令解译成内核能够理解的方式,传给内核去运行,再将结果传回至输出设备。Shell 就是位于内核和用户之间的一层界面。

广义的 Shell 包括图形界面和文本界面;狭义的 Shell 特指文本界面。如果无特别说明,Shell 一般指的是文本界面。

目前流行的 Shell 有 Bourne Shell(sh)、Bourne-Again Shell(bash)、C Shell(csh)、TENEX C Shell(tcsh)等。

查看内核支持的 Shell 类型:

```
[root@localhost ~ ]#cat /etc/shells
/bin/sh
/bin/bash
/usr/bin/sh
/usr/bin/bash
/bin/tcsh
/bin/csh
```

3.3.2 Bash 简介

Bash 是 UNIX Shell 的一种,于 1987 年由布莱恩·福克斯为了 GNU 计划而编写。1989 年发布第一个正式版本,原先是计划用在 GNU 操作系统上,但它也能运行于大多数类 UNIX 系统的操作系统之上。

Bash 是 Bourne Shell 的后继兼容版本与开放源代码版本,它的名称来自 Bourne Shell (sh)的一个双关语 Bourne-Again Shell。

3.3.3 Shell 提示符和命令格式

当登录文本界面或打开一个终端窗口时,首先看到的是 Shell 提示符,包括用户登录名、登录的主机名、当前所在的工作目录路径和提示符号。

以用户 root 登录系统的 Shell 提示符如下：

```
[root@localhost ~ ]#
```

以普通用户 test 登录系统的 Shell 提示符如下：

```
[test@localhost ~ ]$
```

如果要运行命令，只需要在 Shell 提示符后输入命令，然后再按 Enter 键。

一个 Shell 命令可能含有一些选项和参数，其一般格式为

```
[Shell命令][选项][参数]
```

注意：

（1）Shell 命令、选项和参数间用空格分隔，多个空格视为 1 个。

（2）选项有短"-x"和长"--xx"两种（例如：ls -l；ls --help）。

（3）选项在命令的手册中都有详细的介绍，参数由用户提供。选项决定命令如何工作，参数确定命令作用的目标。

（4）命令太长时使用"\"转义，实现换行。

命令分为以下两大类。

（1）内置命令，由 Shell 负责响应。

（2）应用程序，由 Shell 找到应用程序对应的文件并交由内核运行。

3.3.4 Shell 常用快捷键

快捷键又称为快速键、组合键或热键，是指通过某些特定的按键、按键顺序或按键组合来完成一个操作。Shell 常用快捷键见表 3.8。

表 3.8 Shell 常用快捷键

快 捷 键	意 义
Ctrl+C	终止目前的命令
Ctrl+\	终止目前的命令
Ctrl+Z	暂停目前的命令
Ctrl+D	输入结束，即 EOF；或注销 Linux
Ctrl+L	清屏
Ctrl+M	相当于按 Enter 键
Ctrl+O	运行当前命令，并选择上一个命令
Ctrl+Q	恢复屏幕输出
Ctrl+S	暂停屏幕输出
Ctrl+U	删除整行命令

3.3.5 编辑命令行

通过左右方向键和功能键（Home、End 等）可以浏览并编辑命令行，还可以用快捷键完成一般的编辑。编辑命令行的快捷键见表 3.9。

表 3.9   编辑命令行的快捷键

快　捷　键	功　　能
Ctrl+U	删除从光标到行首的部分
Ctrl+K	删除从光标到行尾的部分
Ctrl+W	删除从光标到当前单词开头的部分
Alt+D	删除从光标到当前单词结尾的部分
Ctrl+H	删除光标前的一个字符
Ctrl+Y	插入最近删除的单词
Alt+T	交换光标处单词和光标前面的单词
Ctrl+T	交换光标处字符和光标前面的字符
Ctrl+A	将光标移到行首
Ctrl+E	将光标移到行尾
Alt+A	将光标移到当前单词头部
Alt+E	将光标移到当前单词尾部
Alt+F	按单词前移(向右)
Alt+B	按单词后移(向左)
Ctrl+F	按字符前移(向右)
Ctrl+B	按字符后移(向左)
Ctrl+XX	在命令行首和光标之间移动
Alt+C	从光标处更改单词为首字母大写
Alt+U	从光标处更改单词为全部大写
Alt+L	从光标处更改单词为全部小写
Alt+Backspace	与快捷键 Ctrl+W 功能类似,分隔符有些差别

3.3.6　特殊字符

特殊字符是在 Shell 中具有特殊含义或者作用的字符,不能用于文件名。Shell 的特殊字符见表 3.10。

表 3.10   Shell 的特殊字符

字符	含义/作用	字符	含义/作用
~	用户主目录	\	使命令持续到下一行
`	命令替换	;	命令分隔符
#	解释	"	双引号
$	变量取值	'	单引号
&	进程后台运行	<	输入重定向
*	通配符,代表任何字符	>	输出重定向
(	子 Shell 开始	?	通配符,代表任何单一字符
)	子 Shell 结束	/	路径分隔符
|	管道		

注意:

(1) 命令替换"`"和单引号"'"。

(2) 单引号和双引号:单引号内的字符都变为普通字符;双引号内保留特殊字符的功能。

【例 3.10】　单引号和双引号的区别。

```
[root@localhost ~ ]#echo '$(hostname)'
$(hostname)
[root@localhost ~ ]#echo "$(hostname)"
localhost.localdomain
```

【例 3.11】 用户主目录。

```
[root@localhost ~ ]#cd /
[root@localhost /]#pwd
/
[root@localhost /]#cd ~
[root@localhost ~ ]#pwd
/root
```

3.3.7 通配符

通配符可用于代替单个或多个字符。通配符见表 3.11。

表 3.11 通配符

符 号	含 义
?	代表任何单一字符
*	代表任何字符
[字符组合]	在方括号中的字符皆符合,如:[a-z]代表所有的小写字母;[a～z]和[az]代表小写字母 a 和 z
[!字符组合]	不在方括号中的字符皆符合

【例 3.12】 通配符的使用 1。

```
[root@localhost ~ ]#touch f1 f2 f11 f22
[root@localhost ~ ]#ls f*
f1 f11 f2 f22
[root@localhost ~ ]#ls f?
f1 f2
```

【例 3.13】 通配符的使用 2。

```
[root@localhost ~ ]#touch f1 f2 f3 f4
[root@localhost ~ ]#ls f[1-3]
f1 f2 f3
[root@localhost ~ ]#ls f[1~3]
f1 f3
[root@localhost ~ ]#ls f[13]
f1 f3
[root@localhost ~ ]#ls f[!1-3]
f4
[root@localhost ~ ]#ls f[!1~3]
f2 f4
[root@localhost ~ ]#ls f[!13]
f2 f4
```

3.3.8 命令行补全和历史记录

命令行补全(command-line completion)允许用户在 CLI 添加命令、文件名等的一部分，再通过补全按键(常为 Tab 键)加以补全。如果匹配的项目有多个，两次 Tab 键可列出全部项目供选择。通过命令行补全，可以不用输入全部命令名和文件名。

【例 3.14】 命令自动补全。

```
[root@localhost ~ ]#cd /u<Tab>/s<Tab>
sbin/ share/ src/
```

命令行历史记录允许用户调用、编辑和重新运行以前的命令。命令行历史记录最早出现在比尔·乔伊开发的 C Shell 中。它的操作简便了很多，并且使 C Shell 易于使用，因此很快地流行起来。命令行历史记录已经成为 Shell 中的标准功能，包括 Linux 和 Microsoft Windows 等。它的快捷体现在以下两个方面。

(1) 重复运行相同的命令或一系列短命令。例如，开发人员经常编译和运行程序。

(2) 只需稍加修改即可纠正错误或重新运行命令。

Bash 的命令行历史记录存储在文件"~/. bash_history"中。

history 用于查看命令行历史记录，每一个命令前面都会有一个序号标示命令运行的顺序。其语法格式为

```
history [选项]
```

history 命令的常用选项及其含义见表 3.12。

表 3.12 history 命令的常用选项及其含义

选项	含　义
n	列出当前内存中的最近 n 个命令行历史记录
-w	将当前内存中的所有命令行历史记录写入文件"~/. bash_history"中
-c	清空当前内存中的所有命令行历史记录

【例 3.15】 查看命令行历史记录。

```
[root@localhost ~ ]#history
    1 cat /etc/shells
    2 echo '$(hostname)'
    3 echo "$(hostname)"
    4 history
```

【例 3.16】 清空命令行历史记录。

```
[root@localhost ~ ]#history -c
```

通过输入感叹号"!"和其他字符可以运行命令行历史记录中指定的命令或参数，具体见表 3.13。

表 3.13　命令行历史记录字符的作用

字　　符	作　　用
!!	运行上一个命令
!$	重复前一个命令最后的参数
!n	运行第 n 个命令
!-n	运行倒数第 n 个命令
!n /xxx	运行第 n 个命令并在命令后面加上/xxx
!?xx?	运行上一条包含 xx 字符串的命令
!xx	运行上一个 xx 命令(或以 xx 开头的历史命令)
!xx:s/yy/zz	运行上一个 xx 命令,其中把 yy 替换成 zz
fc	编辑并运行上一个历史命令
fc n	编辑并运行第 n 个历史命令
^xx^yy^	快速替换。将最后一个命令中的 xx 替换为 yy 后运行

【例 3.17】　重复前一个命令最后的参数。

```
[root@localhost ~ ]#pwd
/root
[root@localhost ~ ]#mkdir newdir
[root@localhost ~ ]#cd !$
cd newdir
[root@localhost newdir]#pwd
/root/newdirr
```

命令行历史记录快捷键见表 3.14。

表 3.14　命令行历史记录快捷键

快　捷　键	描　　述
↑	查看命令行历史记录中的上一个命令
↓	查看命令行历史记录中的下一个命令
Ctrl+P	查看命令行历史记录中的上一个命令
Ctrl+N	查看命令行历史记录中的下一个命令
Ctrl+R	向上搜索命令行历史记录
Alt+P	向上搜索命令行历史记录
Alt+>	移动到命令行历史记录末尾

3.4　命令排列、替换和别名

在执行 Linux 的命令时可以根据需要对命令进行排列、替换和别名的操作。

3.4.1　命令排列

命令排列通过在不同命令之间加上";""&&""‖"实现一次运行多个命令。

1. ;

";"的语法格式为

命令 A；命令 B

使用"；"排列多个命令时,先运行命令 A;不管命令 A 是否运行出错,接下来运行命令 B。

【例 3.18】 使用命令排列字符"；"顺序运行两个命令。

```
[root@localhost ~ ]#mkdir newdir; cd newdir
[root@localhost newdir]#
```

2. &&

"&&"的语法格式为

命令 A && 命令 B

使用"&&"排列多个命令时,先运行命令 A;只有当命令 A 运行正确完毕,才运行命令 B。

3. ‖

"‖"的语法格式为

命令 A ‖ 命令 B

使用"‖"排列多个命令时,先运行命令 A;如果命令 A 运行正确完毕,则不运行命令 B。

【例 3.19】 分别使用命令排列字符"&&"和"‖"顺序运行三个命令。

```
[root@localhost ~ ]#ls /temp/dir && echo "true" || echo "false"
ls: cannot access /temp/dir: No such file or directory
false
[root@localhost ~ ]#ls /temp/dir || echo "true" && echo "false"
ls: cannot access /temp/dir: No such file or directory
true
false
```

命令排列字符的作用见表 3.15。

表 3.15 命令排列字符的作用

命令排列字符	作　　用
A；B	依次运行命令 A、命令 B
A && B	如果命令 A 正确运行完毕,则运行命令 B
A ‖ B	如果命令 A 正确运行完毕,则不运行命令 B

3.4.2 命令替换

命令替换是将一个命令的输出当作另一个命令的参数。语法格式有以下两种。

```
命令 A $(命令 B)
命令 A `命令 B`
```

第 1 种语法的优点是易读性好,可嵌套。

【例 3.20】　命令替换的两种语法。

```
[root@localhost ~ ]#echo "The system's name is $(hostname)"
The system's name is localhost.localdomain
[root@localhost ~ ]#echo "The system's name is `hostname`"
The system's name is localhost.localdomain
```

3.4.3　命令别名

命令别名可以将完整的命令、选项和参数定义为一个简短的字符串,减少输入,避免出错。设置命令别名的语法格式为

```
alias [命令别名]=[需要定义别名的命令、选项和参数]
```

取消命令别名的语法格式为

```
unalias [命令别名]
```

注意:

(1) 中间有空格的需要用引号包起来。

(2) 命令别名的优先级高于系统原有的命令。

(3) 注销本次登录或重新启动系统后,定义的命令别名会失效。

(4) 修改配置文件可使别名定义长期有效。

① 所有用户:/etc/profile(调用/etc/bashrc)。

② 当前用户:~/. bash_profile 或~/. bash_login 或~/. profile(调用~/. bashrc)。

③ 修改后注销本次登录生效,或者运行 source ~/. bashrc。

【例 3.21】　设置和取消设置命令别名。

```
[root@localhost ~ ]#alias h= history
[root@localhost ~ ]#h
    1 alias h= history
    2 h
[root@localhost ~ ]#unalias h
[root@localhost ~ ]#h
bash: h: command not found...
```

3.5　管道和重定向

管道可以将小的程序汇集起来完成复杂的任务。重定向使得输入或输出的设备不是系统的标准端口,如显示器、键盘。

3.5.1　管道

管道是将一个命令的输出当作另一个命令的输入。其语法格式为

```
[命令 1] | [命令 2]
```

【例 3. 22】　使用管道。

```
[root@localhost ~ ]#ls /bin | more
[
a2p
// 中间省略
abrt-cli
abrt-dump-oops
--More--
// 命令 ls /bin 显示目录/bin 的内容,命令 more 分页显示内容
```

3.5.2　重定向

重定向不使用系统的标准输入端口、标准输出端口或者标准错误端口,而是重新指定。它可以实现将命令的运行结果保存到文件中,或者以文件内容作为命令的参数。重定向有 4 种:输出重定向、输入重定向、错误重定向、输出和错误重定向。

1. 输出重定向

输出重定向是将命令的运行结果保存到文件中;如果存在同名文件,则覆盖文件中的内容。其语法格式为

```
[命令] > file
```

【例 3. 23】　使用输出重定向将目录/boot 的内容保存到文件/root/boot 中。

```
[root@localhost ~ ]#ls /boot > /root/boot
```

【例 3. 24】　使用命令 echo 和输出重定向创建文件/root/hello,内容是"Hello world"。

```
[root@localhost ~ ]#echo "Hello world" > /root/hello
```

输出追加重定向是将命令运行的结果追加保存到已经存在的文件中。其语法格式为

```
[命令] >> file
```

【例 3. 25】　使用追加重定向将数据追加保存到已经存在的文件/root/text 中。

```
[root@localhost ~ ]#echo 111 > /root/text
[root@localhost ~ ]#echo 222 >> /root/text
[root@localhost ~ ]#cat /root/text
111
222
```

2. 输入重定向

输入重定向是将文件的内容作为命令的参数。其语法格式为

```
[命令] < file
```

【例 3.26】 使用输入重定向将文件/root/hello 的内容作为参数让命令 wall 运行。

```
[root@localhost ~ ]#wall < /root/hello
Broadcast message from root@localhost.localdomain (Sat Sep 12 19:57:10 2020):
Hello world
```

输入追加重定向是告诉 Shell 当前标准输入来自命令行的一对分隔符之间的内容。其语法格式为

```
[命令] << [分隔符]
> [文本内容]
> [分隔符]
```

【例 3.27】 使用输入追加重定向创建文件。

```
[root@localhost ~ ]#cat > /root/hello << EOF        // EOF 作为分隔符
> Hello world                                        // 文本内容
> EOF                                                // 分隔符
[root@localhost ~ ]#cat /root/hello
Hello world
```

3. 错误重定向

错误重定向是将命令运行的错误信息保存到文件中；如果存在同名文件,则覆盖文件中的内容。其语法格式为

```
[命令] 2> file
```

【例 3.28】 查看不存在的目录/tmp/dir,将错误信息保存到文件/root/error 中。

```
[root@localhost ~ ]#ls /tmp/dir
ls: cannot access /tmp/dir: No such file or directory
[root@localhost ~ ]#ls /tmp/dir 2> /root/error
```

错误追加重定向是将命令运行的错误信息追加保存到已经存在的文件中。其语法格式为

```
[命令] 2>> file
```

【例 3.29】 查看不存在的文件 f1 和 f2,将错误信息保存到文件/root/error 中。

```
[root@localhost ~ ]#cat f1 2> error
[root@localhost ~ ]#cat f2 2>> error
```

```
[root@localhost ~ ]#cat error
cat: f1: No such file or directory
cat: f2: No such file or directory
```

4. 输出和错误重定向

输出和错误重定向是将命令运行的结果或者错误信息保存到已经存在的文件中；如果存在同名文件，则覆盖文件中的内容。其语法格式为

```
[命令] & > file
```

【例 3.30】 输出和错误重定向。

```
[root@localhost ~ ]#ls /boot & > output
[root@localhost ~ ]#cat < output
config-3.10.0-1127.el7.x86_64
efi
grub
// 以下省略
[root@localhost ~ ]#ls /tmp/dir & > output
[root@localhost ~ ]#cat < output
ls: cannot access /tmp/dir: No such file or directory
```

输出和错误追加重定向是将命令运行的结果或者错误信息追加保存到已经存在的文件中。其语法格式为

```
[命令] & >> file
```

【例 3.31】 输出和错误追加重定向。

```
[root@localhost ~ ]#ls /boot & > output
[root@localhost ~ ]#ls /tmp/dir & >> output
[root@localhost ~ ]#cat < output
config-3.10.0-1127.el7.x86_64
// 中间省略
vmlinuz-3.10.0-1127.el7.x86_64
ls: cannot access /tmp/dir: No such file or directory
```

3.6 文本编辑器

Linux 的文本编辑器有图形界面和文本界面两种。图形界面的文本编辑器包括 gedit、kwrite 等。文本界面的文本编辑器包括 vi、vim(vi 的增强版本)和 nano 等。

3.6.1 vi 简介

vi 由比尔·乔伊完成编写,并于 1976 年以 BSD 协议授权发布,是所有 Linux 发行版本的

文本编辑器,可用于编辑任何 ASCII 文本。它功能非常强大,可以对文本进行创建、查找、替换、删除、复制和粘贴等操作。

vi 有 3 种模式,分别是命令行模式、插入模式和末行模式,如图 3.6 所示。

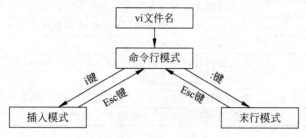

图 3.6　vi 的 3 种模式

1. 命令行模式

命令行模式是 vi 的默认模式,可以控制光标的移动,字符、单词或行的删除、复制和剪切,进入插入模式(i 键)或者末行模式(:键)。

2. 插入模式

只有插入模式才可以输入字符。按 Esc 键返回命令行模式。

3. 末行模式

末行模式可以保存文件或退出 vi,也可以设置编辑环境、查找字符串等。按 Esc 键返回命令行模式。

3.6.2　vi 基本操作

1. 进入 vi

在 Shell 提示符下输入 vi 及文件名后,就进入 vi 的命令行模式。如果系统不存在该文件,则创建该文件;如果系统存在该文件,则编辑该文件。

2. 编辑文件

在命令行模式下按 i(小写)键进入插入模式,就可以开始输入文字了。

3. 保存文件和退出 vi

在插入模式下按 Esc 键返回命令行模式。

(1) 输入 ZZ,保存并退出 vi。

(2) 输入 ZQ,不保存并强制退出 vi。

3.6.3　命令行模式

进入插入模式的快捷键见表 3.16。

表 3.16　进入插入模式的快捷键

快捷键	功　能
i	从光标当前位置开始输入文件
I	在光标所在行的行首插入
a	从目前光标所在位置的下一个位置开始输入文字
A	在光标所在行的行末插入
o	在光标所在行的下面插入一行,从行首开始输入文字
O	在光标所在行的上面插入一行
s	删除光标位置的一个字符,然后进入插入模式
S	删除光标所在的行,然后进入插入模式

移动光标的快捷键见表 3.17。

表 3.17　移动光标的快捷键

快捷键	功　能
↑/k	光标向上移动一行(Ctrl+P)
↓/j	光标向下移动一行(Ctrl+N)
←/h	光标向左移动一个字符
→/l	光标向右移动一个字符
Ctrl+B	屏幕往前移动一页
Ctrl+F	屏幕往后移动一页
Ctrl+U	屏幕往前移动半页
Ctrl+D	屏幕往后移动半页
Ctrl+G	列出光标所在行的行号
gg	移动光标到文件首(第一行的第一个非空白字符处)
G	移动光标到文件尾(最后一行的第一个非空白字符处)
n|	光标移动到第 n 个字符处,n 代表数字
n－/nk	光标向上移动 n 行,n 代表数字
n+/nj	光标向下移动 n 行,n 代表数字
nh	光标向左移动 n 个字符,n 代表数字
nl	光标向右移动 n 个字符,n 代表数字
nG	光标移动到第 n 行首,n 代表数字
n$	光标移动到以当前行算起的第 n 行尾,n 代表数字
0 / ^	移动到光标所在行的行首
$	移动到光标所在行的行尾
b	光标移动到上一个字的开头
B	光标移动到上一个字的开头,但会忽略一些标点符号
w	光标移动到下一个字的开头
W	光标移动到下一个字的开头,但会忽略一些标点符号
e	光标移动到下一个字的字尾
E	光标移动到下一个字的字尾,但会忽略一些标点符号
H	光标移动到屏幕的顶部
M	光标移动到屏幕的中间
L	光标移动到屏幕的底部
(	光标移动到上一个句首
)	光标移动到下一个句首
{	光标移动到上一个段落首
}	光标移动到下一个段落首

删除的快捷键见表3.18。

表 3.18　删除的快捷键

快捷键	功　　能
x	每按一次,删除光标所在位置的一个字符
nx	删除光标所在位置的 n 个字符,n 代表数字
X	删除光标所在位置的前面一个字符
nX	删除光标所在位置的前面 n 个字符,n 代表数字
dd	删除光标所在行
ndd	删除从光标所在行开始的 n 行,n 代表数字
db	删除光标所在位置的前面一个单词
ndb	删除光标所在位置的前面 n 个单词,n 代表数字
dw	从光标所在位置开始删除一个单词
ndw	从光标所在位置开始删除 n 个单词,n 代表数字
d \$	删除光标到行尾的内容(含光标所在处字符)
D	删除光标到行尾的内容(含光标所在处字符)
dG	从光标位置所在行一直删除到文件尾

复制和粘贴的快捷键见表3.19。

表 3.19　复制和粘贴的快捷键

快捷键	功　　能
yw	复制光标所在之处到单词结尾的字符
nyw	复制光标所在之处 n 个单词,n 代表数字
yy	复制光标所在行
nyy	复制从光标所在行开始的 n 行,n 代表数字
YY	将当前行复制到缓冲区
nYY	将当前开始的 n 行复制到缓冲区,n 代表数字
p	将缓冲区内的内容写到光标所在位置
y \$	复制光标所在位置到行尾内容到缓存区
y^	复制光标前面所在位置到行首内容到缓存区

查找的快捷键见表3.20。

表 3.20　查找的快捷键

快捷键	功　　能
/关键字	先输入"/",再输入想查找的字符,如果第一次查找的关键字不是想要的,可以一直按"n"往后查找下一个关键字
? 关键字	先输入"?",再输入想查找的字符,如果第一次查找的关键字不是想要的,可以一直按"n"往前查找下一个关键字

替换的快捷键见表3.21。

表 3.21　替换的快捷键

快捷键	功　　能
r	替换光标所在之处的字符
R	替换光标所到之处的字符,直到按下 Esc 键为止

撤销和重复的快捷键见表3.22。

表 3.22　撤销和重复的快捷键

快捷键	功　　能
u	撤销最近一次操作
多次 u	撤销最近多次操作
.	再执行一次前面刚完成的操作

合并的快捷键见表3.23。

表 3.23　合并的快捷键

快捷键	功　　能
J	清除光标所在行与下一行之间的换行,行尾没有空格的话自动添加一个空格
nJ	将当前行开始的 n 行进行合并,n 代表数字

保存和退出的快捷键见表3.24。

表 3.24　保存和退出的快捷键

快捷键	功　　能
ZZ	保存并退出 vi
ZQ	不保存并强制退出 vi

3.6.4　末行模式

运行 Shell 的命令见表3.25。

表 3.25　运行 Shell 的命令

命　　令	功　　能
:! 命令	运行 Shell 命令
:r! command	将命令运行的结果信息输入当前行位置,command 代表命令
:n1,n2 w! command	将 n_1 到 n_2 行的内容作为命令的输入,n_1 和 n_2 代表数字,command 代表命令

跳到某一行的命令见表3.26。

表 3.26　跳到某一行的命令

命令	功　　能
:n	在冒号后输入一个数字,再按回车键就会跳到该行,n 代表数字

删除的命令见表 3.27。

表 3.27 删除的命令

命　令	功　能
:d	删除当前行
:nd	删除第 n 行，n 代表数字
:n1,n2 d	删除从 n_1 行开始到 n_2 行为止的所有内容，n_1 和 n_2 代表数字
:.,$d	删除从当前行开始到文件末尾的所有内容
:/str1/,/str2/d	删除从 str1 开始到 str2 为止的所在行的所有内容，str1 和 str2 代表字符

复制和移动的命令见表 3.28。

表 3.28 复制和移动的命令

命　令	功　能
:n1,n2 co n3	将从 n_1 行开始到 n_2 行为止的所有内容复制到 n_3 行后面，n_1、n_2 和 n_3 代表数字
:n1,n2 m n3	将从 n_1 行开始到 n_2 行为止的所有内容移动到 n_3 行后面，n_1、n_2 和 n_3 代表数字

查找的命令见表 3.29。

表 3.29 查找的命令

命　令	功　能
:/str/	从当前光标开始往右移动到有 str 的地方，str 代表字符
:?str?	从当前光标开始往左移动到有 str 的地方，str 代表字符

替换的命令见表 3.30。

表 3.30 替换的命令

命　令	功　能
:s/str1/str2/	将光标所在行第一个字符 str1 替换为 str2，str1 和 str2 代表字符
:s/str1/str2/g	将光标所在行所有的字符 str1 替换为 str2，str1 和 str2 代表字符
:n1,n2s/str1/str2/g	用 str2 替换从第 n_1 行到第 n_2 行中出现的 str1，str1 和 str2 代表字符，n_1 和 n_2 代表数字
:% s/str1/str2/g	用 str2 替换文件中所有的 str1，str1 和 str2 代表字符
:.,$s/str1/str2/g	将从当前位置到结尾的所有的 str1 替换为 str2，str1 和 str2 代表字符

设置 vi 环境的命令见表 3.31。

表 3.31 设置 vi 环境的命令

命　令	功　能
:set number	在文件中的每一行前面列出行号
:set nonumber	取消在文件中的每一行前面列出行号
:set readonly	设置文件为只读状态

保存和退出的命令见表 3.32。

表 3.32　保存和退出的命令

命　　令	功　　能
:w	保存文件
:w filename	将文件另存为 filename
:wq	保存文件并退出 vi
:wq filename	将文件另存为 filename 后退出 vi
:wq!	保存文件并强制退出 vi
:wq! filename	将文件另存为 filename 后强制退出 vi
:x	保存文件并强制退出 vi,其功能和:wq! 相同
:q	退出 vi
:q!	如果无法离开 vi,强制退出 vi
:n1,n2w filename	将从 n_1 行开始到 n_2 行结束的内容保存到文件 filename 中,n_1 和 n_2 代表数字
:nw filename	将第 n 行内容保存到文件 filename 中,n 代表数字
:1,.w filename	将从第一行开始到光标当前位置的所有内容保存到文件 filename 中
:.,$w filename	将从光标当前位置开始到文件末尾的所有内容保存到文件 filename 中
:r filename	打开另外一个已经存在的文件 filename
:e filename	新建名为 filename 的文件
:f filename	把当前文件改名为 filename 文件
:/str/w filename	将包含有 str 的行写到文件 filename 中,str 代表字符
:/str1/,/str2/w filename	将从包含有 str1 开始到 str2 结束的行内容写入文件 filename 中,str1 和 str2 代表字符

3.7　项目实践 1　文本界面和获取帮助

项目说明

本项目重点学习 Linux 的文本界面。通过本项目的学习,获得以下 3 方面的学习成果。
(1) 进入 Linux 文本界面。
(2) 修改 Linux 目标。
(3) 获取帮助。

任务 1　进入文本界面

任务要求

(1) 在图形界面查看当前的目标,并修改默认目标为文本界面目标。
(2) 在文本界面查看当前的目标。
(3) 在图形界面设置 5 分钟后关闭系统并取消该设置。

任务步骤

步骤 1:在图形界面查看当前的目标。

```
[root@localhost ~ ]#systemctl get-default
```

步骤 2：修改默认目标为文本界面目标。

```
[root@localhost ~ ]#systemctl set-default multi-user.target
```

步骤 3：在文本界面查看当前的目标。

```
[root@localhost ~ ]#systemctl get-default
```

步骤 4：在图形界面设置 5 分钟后关闭系统并取消该设置。

```
[root@localhost ~ ]#shutdown -h 5
[root@localhost ~ ]#shutdown -c
```

任务 2　获取帮助

任务要求

(1) 使用命令 man 查看命令 ls 的手册。
(2) 使用选项 help 查看应用程序 ls 的帮助。
(3) 使用命令 help 查看内置命令 cd 的帮助。

任务步骤

步骤 1：使用命令 man 查看 ls 手册。

```
[root@localhost ~ ]#man ls
```

步骤 2：使用选项 help 查看 ls 帮助。

```
[root@localhost ~ ]#ls --help
```

步骤 3：使用命令 help 查看 cd 帮助。

```
[root@localhost ~ ]#help cd
```

3.8　项目实践 2　Shell 基础与文本编辑

项目说明

本项目重点学习 Linux 的文本界面。通过本项目的学习，获得以下两方面的学习成果。
(1) Shell 基础。
(2) 文本编辑。

任务 1　Shell 基础

任务要求

（1）掌握 Shell 命令行历史记录与快捷方式。
（2）掌握 Shell 命令的排列、替换和别名。
（3）掌握 Shell 命令的管道与重定向。

任务步骤

步骤 1：命令行历史记录与快捷方式。
（1）创建目录"/root/学号姓名拼音首字母"。

```
[root@localhost ~ ]#mkdir /root/1234567890name
```

（2）转换到所创建的目录。

```
[root@localhost ~ ]#cd ! $
```

（3）显示当前的目录路径。

```
[root@localhost 1234567890name]#pwd
```

（4）回到当前用户的主目录。

```
[root@localhost 1234567890name]#cd ~
```

步骤 2：命令的排列。
将上一步骤的 4 条命令使用命令排列字符";"合并为一条命令,创建的目录名为"/root/当前学号"。

```
[root@localhost ~ ]#mkdir /root/1234567890; cd /root/1234567890; pwd; cd ~
```

步骤 3：命令的替换与别名。
（1）修改主机名为"学号姓名拼音首字母"。

```
[root@localhost ~ ]#hostname 1234567890name
```

（2）输出主机名。

```
[root@localhost ~ ]#echo "This hostname is $(hostname)"
```

（3）为上一条命令创建命令别名 echoname。

```
[root@localhost ~ ]#alias echoname= "echo 'This hostname is $(hostname)'"
[root@localhost ~ ]#echoname
```

步骤 4：管道与重定向。

（1）通过重定向将显示目录/bin 内容的结果写入文件"学号姓名拼音首字母.txt"中。

```
[root@localhost ~ ]#ls /bin > 1234567890name.txt
```

（2）通过管道分页显示上一条命令所创建的文件的内容。

```
[root@localhost ~ ]#cat 1234567890name.txt | more
```

任务2 文本编辑

任务要求

（1）掌握 vi 编辑器有 3 种基本工作模式，分别是命令行模式、插入模式和末行模式。
（2）掌握 vi 编辑器的基本使用，包括创建文件、输入数据以及保存文件并退出。

任务步骤

步骤 1：启动 vi 并创建文件"学号姓名拼音首字母"。

```
[root@localhost ~ ]#vi 1234567890name.txt
```

步骤 2：进入插入模式（i 键）并输入以下内容。

```
My number is 学号.
My name is 姓名拼音.
```

步骤 3：回到命令行模式（Esc 键）并保存退出（ZZ 键）。

3.9 本 章 小 结

Linux 的文本界面可以通过图形界面的终端、虚拟控制台以及文本界面等方式进入。关闭和重启 Linux 系统的命令有 shutdown、halt、poweroff、reboot 等。使用目标单元文件描述目标，文件扩展名是".target"。

使用帮助可以快速了解 Linux 命令的功能、选项和参数等信息。当登录文本界面或打开一个终端窗口时，首先看到的是 Shell 提示符，包括用户登录名、登录的主机名、当前所在的工作目录路径和提示符号。命令行补全允许用户在 CLI 添加命令、文件名等的一部分，再通过补全按键加以补全。命令行历史记录允许用户调用、编辑和重新运行以前的命令。

命令排列通过在不同命令之间加上";""&&""||"实现一次运行多个命令。命令替换是将一个命令的输出当作另一个命令的参数。命令别名可以将完整的命令、选项和参数定义为一个简短的字符串，减少输入，避免出错。

管道是将一个命令的输出当作另一个命令的输入。重定向不使用系统的标准输入端口、标准输出端口或者标准错误端口，而是重新指定。

vi 是所有 Linux 发行版本的文本编辑器。

第4章

文件和目录

本章主要学习 Linux 的文件名和文件类型、目录结构、文件和目录操作、索引式文件系统和链接文件。

本章的学习目标如下。

(1) Linux 的文件: 理解 Linux 的文件名和文件类型。

(2) Linux 的目录结构: 了解 Linux 的目录结构。

(3) 文件和目录操作: 掌握文件和目录操作命令 pwd、cd、ls、touch、mkdir、rmdir、rm、cp、mv。

(4) 链接文件: 了解索引式文件系统和链接文件; 掌握链接文件的创建。

4.1 文件名和文件类型

Linux 除了一般文件之外, 所有的目录和硬件设备也都是以文件的形式存在的。

4.1.1 文件名

Linux 的文件名由主文件名和扩展名构成。

Linux 的文件名有以下限制。

(1) 文件名长度不超过 255 个字符, 包含路径的完整文件名长度不超过 4096 个字符。

(2) 文件名区分大小写。

(3) 文件名不得使用特殊字符, 如" * ">""<"";""&""\""/"',""""`"()"-"。

(4) 文件名最前面的"."表示是一个隐藏文件。

Linux 扩展名是文件名的最后一个点"."之后的部分, 它的意义仅在于提高可读性, 不作为系统识别文件类型的依据。表 4.1 是 Linux 一些特有的扩展名。

表 4.1　Linux 一些特有的扩展名

文件扩展名	含　　义
.tar	使用 tar 打包的文件
.bz2	使用 bzip2 压缩的文件
.gz	使用 gzip 压缩的文件
.conf	配置文件, 有时也使用.cfg
.lock	锁文件, 用来判定程序或设备是否正在被使用
.so	库文件
.sh	Shell 脚本文件

4.1.2 文件类型

Linux 的文件类型分为普通文件、目录文件、设备文件、管道文件和符号链接文件。

1. 普通文件(-)

(1) 文本文件。
(2) 二进制文件：程序文件、图形图像文件、音频文件、视频文件、压缩文件等。

2. 目录文件(d,directory)

Linux 的目录文件(directory)就是 Windows 的文件夹(folder)。

```
[root@localhost ~ ]#ls -l
-rw-r--r--. 1 root root 1771 Sep 8 00:42 initial-setup-ks.cfg
// 第 1 个字符是- ,表示这是一个普通文件。
drwxr-xr-x. 2 root root 6 Sep 8 00:43 Desktop
// 第 1 个字符是 d,表示这是一个目录文件。
```

3. 设备文件

设备文件分为块设备(b,block device)文件和字符设备(c,character device)文件。
块设备是以固定单位长度字符随机存取数据的设备,如磁盘驱动器。
字符设备是以不定单位长度字符依循先后顺序存取数据的设备,如打印机、终端等。
以下为两个特殊的字符设备文件。
(1) /dev/null 是特殊的字符设备文件,通常用于丢弃不需要的输出。
(2) /dev/zero 是特殊的字符设备文件,通常用于清零,或生成一个内容全为 0 的具有一定大小的文件。

```
[root@localhost ~ ]#ls -l /dev/sda
brw-rw----. 1 root disk 8, 0 Sep 12 19:42 /dev/sda
// 第 1 个字符是 b,表示这是一个块设备文件
[root@localhost ~ ]#ls -l /dev/console
crw-------. 1 root root 5, 1 Sep 12 19:42 /dev/console
// 第 1 个字符是 c,表示这是一个字符设备文件
```

4. 管道文件(p,pipe)

管道文件(fifo 文件)是从一头流入、从另一头流出的文件。
管道和管道文件的区别如下。
(1) 管道是一种通信方式,把一个程序的输出,连接到另一个程序的输入,完全存在内存中,也称为无名管道。
(2) 管道文件称为命名管道。

```
[root@localhost ~ ]#ls -l /run/systemd/initctl/fifo
prw-------. 1 root root 0 Sep 12 19:42 /run/systemd/initctl/fifo
// 第 1 个字符是 p,表示这是一个管道文件
```

5. 符号链接文件(l,link)

符号链接文件相当于 Windows 的快捷方式文件。

```
[root@localhost ~ ]#ls -l /dev/initctl
lrwxrwxrwx. 1 root root 25 Sep 12 19:42 /dev/initctl - > /run/systemd/initctl/fifo
// 第 1 个字符是 l,表示这是一个符号链接文件
```

4.1.3 file: 查看文件类型

file 用于查看文件类型。其语法格式为

```
file [选项] [文件或目录]
```

file 命令的常用选项及其含义见表 4.2。

表 4.2 file 命令的常用选项及其含义

选项	含义
-L	显示符号链接所指向的文件的类型

【例 4.1】 查看文件类型。

```
[root@localhost ~ ]#file initial-setup-ks.cfg
initial-setup-ks.cfg: ASCII text
[root@localhost ~ ]#file Desktop/
Desktop/: directory
[root@localhost ~ ]#file /dev/sda
/dev/sda: block special
[root@localhost ~ ]#file /dev/console
/dev/console: character special
[root@localhost ~ ]#file /run/systemd/initctl/fifo
/run/systemd/initctl/fifo: fifo (named pipe)
[root@localhost ~ ]#file /dev/initctl
/dev/initctl: symbolic link to '/run/systemd/initctl/fifo'
[root@localhost ~ ]#file -L /dev/initctl
/dev/initctl: fifo (named pipe)
```

4.2 目 录 结 构

Linux 的目录结构是分层的树形结构,可以用一棵倒挂的树来表示。根目录是树根,用"/"表示,其他目录都是根目录的子目录或者是其子目录的子目录(见本书第 2 章图 2.1)。

```
[root@localhost ~ ]#ls -l /
total 24
```

```
lrwxrwxrwx.   1   root root    7    Sep   8   00:22   bin - > usr/bin
dr-xr-xr-x.   5   root root  4096   Sep   8   00:31   boot
drwxr-xr-x.  18   root root  3140   Sep  12   19:42   dev
drwxr-xr-x. 139   root root  8192   Sep  13   10:04   etc
drwxr-xr-x.   3   root root    18   Sep   8   00:30   home
lrwxrwxrwx.   1   root root    7    Sep   8   00:22   lib - > usr/lib
lrwxrwxrwx.   1   root root    9    Sep   8   00:22   lib64 - > usr/lib64
drwxr-xr-x.   2   root root    6    Apr  11   2018    media
drwxr-xr-x.   2   root root    6    Apr  11   2018    mnt
drwxr-xr-x.   3   root root   16    Sep   8   00:26   opt
dr-xr-xr-x. 206   root root    0    Sep  12   19:42   proc
dr-xr-x---.  14   root root  4096   Sep  12   19:43   root
drwxr-xr-x.  41   root root  1260   Sep  13   10:06   run
lrwxrwxrwx.   1   root root    8    Sep   8   00:22   sbin - > usr/sbin
drwxr-xr-x.   2   root root    6    Apr  11   2018    srv
dr-xr-xr-x.  13   root root    0    Sep  12   19:42   sys
drwxrwxrwt.  22   root root  4096   Sep  13   10:09   tmp
drwxr-xr-x.  13   root root   155   Sep   8   00:22   usr
drwxr-xr-x.  20   root root   282   Sep   8   00:35   var
```

Linux 根目录下的目录存储的内容见表 4.3。

表 4.3　Linux 根目录下的目录存储的内容

目　　录	存　储　内　容
/boot	存储 Linux 的内核文件和引导装载程序文件
/bin	Binary,存储所有用户常用的命令文件
/sbin	SystemBinary,存储只有 root 用户能执行的命令文件
/lib	Library,存储 Linux 的共享文件和内核模块文件;/lib/modules 目录存储核心可加载模块
/lib64	存储 64 位版本 Linux 的共享文件和内核模块文件
/dev	Device,存储大部分设备文件
/etc	Editable Text Configuration,存储大部分配置文件
/usr	UNIX Soft Resource,相当于 Windows 中的％windir％和％ProgramFiles％
/root	root 用户的主目录
/home	存储 Linux 所有用户(除了 root)的主目录,子目录名默认以用户名命名
/media	用于自动挂载外部设备
/mnt	用于手动挂载外部设备
/opt	第三方软件的安装位置
/sys	存储检测到的硬件设置,并转换成/dev 目录中的设备文件
/run	一些程序或服务启动以后,会将它们的进程标识号(PID)存储在该目录中
/srv	Service,存储一些服务启动后所需要的数据
/tmp	Temporary,存储临时文件
/var	Variables,存储系统运行过程中产生的文件,如日志、打印队列等

续表

目　录	存　储　内　容
/proc	不存在磁盘上,而是由内核在内存中产生,用于提供系统的相关信息。 /proc/cpuinfo:CPU 信息 /proc/filesystems:文件系统信息 /proc/ioports:I/O 端口号信息 /proc/version:版本信息 /proc/meminfo:内存信息

4.3　文件和目录操作

表 4.4 是一些常见的目录符号及其含义,可用于命令的参数。

表 4.4　常见的目录符号及其含义

符　号	含　义
.	当前目录
..	父目录
~	当前用户的主目录
~username	指定用户的主目录
-	之前的目录

绝对路径是从根目录开始,一直到文件所在目录为止。绝对路径可以确定一个文件在系统中的确切位置。如/a/b/c/xxx/123.txt 和/d/e/f/xxx/123.txt 是系统中两个存储在不同位置的文件。

相对路径是从当前目录开始,一直到文件所在目录为止。相对路径无法确定一个文件在系统中的确切位置。如 xxx/123.txt 的存储位置可能是/a/b/c/xxx/123.txt,也可能是/d/e/f/xxx/123.txt。

4.3.1　pwd: 显示工作目录

pwd(print working directory)用于显示当前所在工作目录的绝对路径。其语法格式为

```
pwd
```

【例 4.2】　显示当前所在工作目录。

```
[root@localhost ~ ]#pwd
/root
```

4.3.2　cd: 切换目录

cd(change directory)用于在不同的目录间切换,但该用户必须拥有足够的权限进入目标目录。可以使用绝对路径或相对路径,绝对路径从"/"开始,然后循序到所需的目录下;相对

路径从当前目录开始。cd 的语法格式为

```
cd [选项] [目录]
```

cd 命令的常用选项及其含义见表 4.5。

表 4.5　cd 命令的常用选项及其含义

选项	含　义
-P	如果目标目录是软链接,则进入被链接的目录

【例 4.3】　切换目录为/bin(1)。

```
[root@localhost ~ ]#cd /bin
[root@localhost bin]#pwd
/bin
[root@localhost bin]#cd ~
```

【例 4.4】　切换目录为/bin(2)。

```
[root@localhost ~ ]#cd -P /bin
[root@localhost bin]#pwd
/usr/bin
[root@localhost bin]#cd ~
```

【例 4.5】　切换目录为当前目录的父目录。

```
[root@localhost ~ ]#cd ..
[root@localhost /]#pwd
/
```

【例 4.6】　切换目录为当前用户的主目录。

```
[root@localhost /]#cd ~
[root@localhost ~ ]#pwd
/root
```

【例 4.7】　切换目录为指定用户 test 的主目录。

```
[root@localhost ~ ]#cd ~ test
[root@localhost test]#pwd
/home/test
```

【例 4.8】　切换目录为之前的目录。

```
[root@localhost test]#cd -
/root
[root@localhost ~ ]#pwd
/root
```

4.3.3 ls: 列出目录内容或文件信息

ls(list)对于目录而言,将列出其中的所有子目录和文件;对于文件而言,将输出其文件名以及所要求的其他信息。ls 的语法格式为

```
ls［选项］［文件/目录］
```

ls 命令的常用选项及其含义见表 4.6。

表 4.6 ls 命令的常用选项及其含义

选 项	含 义
-a	列出所有文件,包括以"."开头的隐藏文件
-d	将目录像其他文件一样列出,而不是列出它的内容
-F	显示文件类型:目录文件名加"/";管道文件名加"|";链接文件名加"@";可执行文件名加" ＊ "
-i	显示文件的 inode 号
-l	显示文件的详细信息
--full-time	显示文件修改的完整日期和时间
-h	显示文件的大小,以 KB、MB、GB 为单位
-s	显示文件的大小,以块(block)为单位
-c	使用状态改变时间(ctime)排序
-t	使用修改时间(mtime)排序
-S	使用大小排序
-X	使用最后一个扩展名排序
-r	反向排序

ls 命令显示的详细信息含义见表 4.7。

表 4.7 ls 命令显示的详细信息含义

字 段	描 述
字段 1	第 1 个字符表示文件的类型 第 2~4 个字符表示用户所有者对此文件的访问权限 第 5~7 个字符表示组群所有者对此文件的访问权限 第 8~10 个字符表示其他用户对此文件的访问权限
字段 2	文件的链接数
字段 3	文件的用户所有者
字段 4	文件的组群所有者
字段 5	文件的大小
字段 6	文件的修改时间
字段 7	文件名

【例 4.9】 显示当前目录下所有子目录和文件。

```
[root@localhost ~ ]#ls
anaconda-ks.cfg  Documents  initial-setup-ks.cfg  Pictures  Templates
Deskto           Downloads  Music                 Public    Videos
```

【例 4.10】 显示当前目录下所有子目录和文件的详细信息,包括隐藏文件。

```
[root@localhost ~ ]#ls -al
total 44
dr-xr-x---.  14 root root   4096 Sep 12   19:43 .
dr-xr-xr-x.  17 root root    224 Sep 8    00:30 ..
-rw-------.   1 root root   1723 Sep 8    00:31 anaconda-ks.cfg
-rw-r--r--.  1 root root      18 Dec 29   2013 .bash_logout
// 以下省略;文件名最前面是"."的为隐藏文件
```

【例 4.11】 显示当前目录下所有子目录和文件,并显示文件类型。

```
[root@localhost ~ ]#ls -F
anaconda-ks.cfg  Documents/   initial-setup-ks.cfg  Pictures/  Templates/
Desktop/         Downloads/   Music/                Public/    Videos/
// 目录文件名加"/",其他文件是一般文件
[root@localhost ~ ]#ls -F /run/systemd/initctl/fifo
/run/systemd/initctl/fifo|
// 管道文件名加"|"
[root@localhost ~ ]#ls -F /dev/initctl
/dev/initctl@
// 链接文件名加"@"
```

4.3.4 touch: 创建空文件、更改文件或目录时间

touch 用于创建空文件、更改文件或目录时间(包括存取时间和更改时间)。其语法格式为

```
touch [选项][文件/目录]
```

touch 命令的常用选项及其含义见表 4.8。

表 4.8 touch 命令的常用选项及其含义

选　　项	含　　义
-a	只更改存取时间(ctime 也随之改变)
-m	只更改变动时间(atime 和 ctime 也随之改变)
-c	如果目标文件不存在,则不会创建该文件
-t＜日期时间＞	使用指定的日期时间,而非现在的时间

时间类型见表 4.9。

表 4.9 时间类型

缩　写	全　　称	含　　义
atime	access time	访问时间
ctime	status time	状态时间,权限、属性变化
mtime	modification time	修改时间,任何变化

【例 4.12】 创建空文件 file1 和 file2。

```
[root@localhost ~ ]#touch file1 file2
[root@localhost ~ ]#ls -l file*
-rw-r--r--. 1 root root 0 Sep 13 10:22 file1
-rw-r--r--. 1 root root 0 Sep 13 10:22 file2
```

【例 4.13】 将文件 file1 的状态时间改为 9 月 1 日 9 点 30 分,时间格式为 MMDDHHMM。

```
[root@localhost ~ ]#touch -c -t 09010930 file1
[root@localhost ~ ]#ls -l file*
-rw-r--r--. 1 root root 0 Sep 1  09:30 file1
-rw-r--r--. 1 root root 0 Sep 13 10:22 file2
```

4.3.5 mkdir: 创建目录

mkdir(make directory)用于创建目录并同时设置目录的权限。其语法格式为

[选项] [目录]

mkdir 命令的常用选项及其含义见表 4.10。

表 4.10 mkdir 命令的常用选项及其含义

选项	含　义
-m	建立目录时同时设置目录的权限,默认权限为 755。第 1 个数字代表用户所有者的权限;第 2 个数字代表组群所有者的权限;第 3 个数字代表其他用户的权限
-p	若所要建立目录的上层目录尚未建立,则会一并建立上层目录,即递归创建

权限与数字见表 4.11。

表 4.11 权限与数字

权限	字符	数字
读	r	4
写	w	2
执行	x	1

【例 4.14】 创建目录 dir1,权限为默认;创建目录 dir2,权限为 777。

```
[root@localhost ~ ]#mkdir dir1
[root@localhost ~ ]#mkdir -m 777 dir2
[root@localhost ~ ]#ls -dl dir*
drwxr-xr-x. 2 root root 6 Sep 13 10:23 dir1
drwxrwxrwx.  2 root root 6 Sep 13 10:23 dir2
// 目录 dir1 的权限为 drwxr-xr-x;目录 dir2 的权限为 drwxrwxrwx
```

【例 4.15】 递归创建目录 dir3/dir4。

```
[root@localhost ~ ]#mkdir -p dir3/dir4
[root@localhost ~ ]#ls -dl dir3
drwxr-xr-x. 3 root root 18 Sep 13 10:23 dir3
[root@localhost ~ ]#ls -dl dir3/dir4
drwxr-xr-x. 2 root root 6 Sep 13 10:23 dir3/dir4
```

4.3.6 rmdir: 删除空目录

rmdir(remove directory)用于删除空目录。如果目录非空,则不能被 rmdir 删除。其语法格式为

```
rmdir [选项][目录]
```

rmdir 命令的常用选项及其含义见表 4.12。

表 4.12 rmdir 命令的常用选项及其含义

选项	含　义
-p	删除指定目录后,若该目录的上层目录已变成空目录,则将其一并删除,即递归删除

【例 4.16】 同时删除目录 dir1、dir2。

```
[root@localhost ~ ]#rmdir dir1 dir2
```

【例 4.17】 递归删除目录 dir3/dir4。

```
[root@localhost ~ ]#rmdir -p dir3/dir4
```

4.3.7 rm: 删除文件或目录

rm(remove)用于删除文件或目录,默认只删除文件。其语法格式为

```
rm [选项][文件/目录]
```

rm 命令的常用选项及其含义见表 4.13。

表 4.13 rm 命令的常用选项及其含义

选项	含　义
-i	删除文件或目录之前需要用户确认
-f	强制删除文件或目录,不给出任何提示
-r	将指定目录下的所有文件及子目录一并删除,即递归删除

【例 4.18】 删除当前目录下的文件 file1。

```
[root@localhost ~ ]#rm file1
rm: remove regular empty file 'file1'? y
```

【例 4.19】 强制递归删除非空目录 dir1。

```
[root@localhost ~ ]#mkdir -p dir1/dir2
[root@localhost ~ ]#touch dir1/dir2/file3
[root@localhost ~ ]#rm -rf dir1
```

思考：命令"rm-rf /"的运行结果。

4.3.8 cp: 复制文件或目录

cp(copy)用于复制文件或目录,也可以建立链接文件,以及根据文件新旧来更新较旧的文件。cp 在复制文件或目录时,同时指定两个以上的文件或目录:如最后的目录是一个已经存在的目录,则会把前面指定的所有文件或目录复制到该目录中;如最后的目录不是一个已经存在的目录,则会出现错误信息。cp 的语法格式为

```
cp [选项] [源文件/目录] [目标文件/目录]
```

cp 命令的常用选项及其含义见表 4.14。

表 4.14 cp 命令的常用选项及其含义

选项	含　义
-a	复制目录时保留链接、属性,并递归复制目录,等同于-dpr
-d	当复制符号链接时,把目标文件或目录也建立为符号链接,并指向源文件或目录链接的原始文件或目录
-f	强行复制文件或目录,不论目标文件或目录是否已存在
-i	覆盖文件或目录之前需要用户确认
-l	对源文件建立硬链接,而非复制文件
-s	对源文件建立软链接,而非复制文件
-p	保留源文件或目录的属性,root 用户可以 cp 文件的用户所有者和组群所有者属性,而其他用户不能
-r	将指定目录下的文件与子目录一并复制,即递归复制
-u	如目标文件或目录已存在且修改时间更新,则不复制源文件或目录

【例 4.20】 将文件/bin/basename 复制到/root 目录下; 再将文件/bin/basename 复制到/root 目录下,并改名为 basename_new。

```
[root@localhost ~ ]#cp /bin/basename /root
[root@localhost ~ ]#cp /bin/basename /root/basename_new
[root@localhost ~ ]#ls -l base*
-rwxr-xr-x. 1 root root 29032 Sep 13 10:33 basename
-rwxr-xr-x. 1 root root 29032 Sep 13 10:34 basename_new
```

【例 4.21】 将/boot 目录中的所有文件及其子目录复制到目录/root 中。

```
[root@localhost ~ ]#cp -r /boot /root
```

4.3.9　mv: 移动或更名现有的文件或目录

mv(move)用于移动或更名现有的文件或目录。源路径与目标路径不同,为移动操作;源路径与目标路径相同,为更名操作。其语法格式为

```
mv [选项][源文件/目录][目标文件/目录]
```

mv 命令的常用选项及其含义见表 4.15。

表 4.15　mv 命令的常用选项及其含义

选项	含　义
-f	若目标文件或目录与现有的文件或目录重复,则直接覆盖目标文件或目录
-i	覆盖目标文件或目录之前需要用户确认
-n	不覆盖已存在的目标文件或目录
-u	如目标文件或目录已存在且修改时间更新,则不移动源文件或目录

【例 4.22】　将文件/root/basename 移动到目录/root/boot/basename 下。

```
[root@localhost ~ ]#mv /root/basename /root/boot/basename
```

【例 4.23】　将文件/root/basename_new 更名为/root/basename。

```
[root@localhost ~ ]#mv /root/basename_new /root/basename
```

4.4　链　接　文　件

Linux 的主流文件系统是索引式文件系统。链接文件是索引式文件系统的应用之一。

4.4.1　索引式文件系统

1. 索引式文件系统简介

将磁盘进行分区后,还必须将磁盘分区格式化成某种文件系统,操作系统才能读写该磁盘分区。

块(block)是文件系统的最小存储单位。块的大小划分要考虑两个方面:读写文件的效率;磁盘空间的平均利用率。块大则读写效率高,但磁盘空间的平均利用率低。如果存储的文件较小,块可以划分小一些;反之,如果存储的文件较大,则块可以划分大一些。

图 4.1 是 FAT(file allocation table,文件分配表)文件系统和索引式文件系统的数据访问方式。

如果没有足够的连续存储空间,FAT 文件系统将把一个文件分成多个不连续的块存储在磁盘分区的不同位置,久而久之就造成文件碎片。在读取文件时 FAT 文件系统需要逐个块读取,读取效率低。所以 FAT 文件系统有必要进行定期的碎片整理,避免同一个文件的块过于分散。

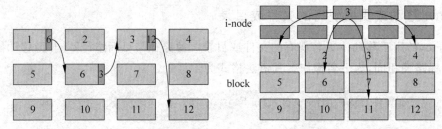

图 4.1　FAT 文件系统和索引式文件系统的数据访问方式

索引式文件系统把文件的属性存储在 inode(index node,索引节点)区,文件的内容存储在 block 区。一个 inode 大小为 128B,只能存储一个文件的属性,一个文件的属性也只能存储在一个 inode 中。一个 block 大小为 1/2/4KB,只能存储一个文件的内容,一个文件的内容可以存在多个 block 中。因此,索引式文件系统能存储的文件数量同时受限于 inode 和 block。

inode 只有 12 个直接指向,如果文件太大,就会使用间接的 block 来记录编号;如果文件非常大,间接的 block 不足以记录指向,则第一个 block 会指出下一个记录编号的 block 在哪里。所以 inode 被定义为 12 个直接指向,1 个间接指向,1 个双间接指向,1 个三间接指向。

2. 索引式文件系统创建目录和文件

新建目录时索引式文件系统分配一个 inode 和至少一个 block。
(1) inode 记录该目录的相关权限、属性以及所分配的 block 号。
(2) block 记录该目录下的文件名及其 inode 号。
新建文件时索引式文件系统分配一个 inode 和若干个匹配大小的 block。
命令"ls -il"可查看文件的 inode 号。

```
[root@localhost ~ ]#ls -il
total 8
16797767 -rw-------. 1 root root 1723 Sep 8 00:31 anaconda-ks.cfg
10078185 drwxr-xr-x. 2 root root    6 Sep 8 00:43 Desktop
10078186 drwxr-xr-x. 2 root root    6 Sep 8 00:43 Documents
// 以下省略
```

3. 索引式文件系统读取文件

读取文件时,从根目录"/"开始,先读取 inode,再读取 block。
以读取文件/etc/passwd 为例。
(1) 根目录"/"的 inode 号为 64,读取 64 号 inode。

```
[root@localhost ~ ]#ls -dil /
64 dr-xr-xr-x. 17 root root 224 Sep 8 00:30 /
```

(2) 64 号 inode 指向根目录"/"的 block,读取根目录"/"的 block,找到目录/etc 的 inode 号为 8388673。

```
[root@localhost ~ ]#ls -dil /etc/
8388673 drwxr-xr-x. 139 root root 8192 Sep 13 10:35 /etc/
```

（3）读取 8388673 号 inode，找到/etc 的 block，读取目录/etc 的 block，找到文件 passwd 的 inode 号为 9744247。

```
[root@localhost ~ ]#ls -il /etc/passwd
9744247 -rw-r--r--. 1 root root 2259 Sep 8 00:30 /etc/passwd
```

（4）读取 9744247 号 inode，找到文件 passwd 的 block，读取文件 passwd 的 block。

4.4.2　链接文件简介

链接文件有两种：硬链接（hard link）和软链接（soft link）。

1. 硬链接

创建硬链接文件时，是在目标路径建立一条文件名记录。该记录指向的 inode 与源文件名指向的 inode 相同。这两个文件除了文件名不同，其他都相同。

硬链接文件的特点如下。

（1）删除其中一个文件，另一个文件还在。

（2）无论使用哪个文件名来编辑，均保存到同一个文件中。

（3）不能为目录创建硬链接文件。

（4）源文件及其硬链接文件只能在同一个文件系统中。

2. 软链接

软链接又称为符号链接（symbolic link），类似于 Windows 的快捷方式。创建软链接文件时，相当于创建一个新的文件，该文件的 block 区存储源文件的路径和文件名。如果删除源文件，则软链接文件将会指向一个不复存在的文件。这种情况有时称为被遗弃。源文件可以是文件或目录，可以链接不同文件系统的文件。

4.4.3　创建链接文件

ln（link）用于创建链接文件。其语法格式为

```
ln [选项] [源文件/目录] [链接文件]
```

ln 命令的常用选项及其含义见表 4.16。

表 4.16　ln 命令的常用选项及其含义

选项	含　义
-s	创建符号链接文件

命令 cp 也可用于创建链接文件，选项"-l"创建硬链接文件；选项"-s"创建软链接文件。

【例 4.24】　创建硬链接文件。

```
[root@localhost ~ ]#ls -il /etc/crontab
9114034 -rw-r--r--. 1 root root 451 Jun 10 2014 /etc/crontab
// 文件/etc/crontab 的链接数为 1
[root@localhost ~ ]#ln /etc/crontab /root/crontab_hl1
```

```
[root@localhost ~ ]#cp -l /etc/crontab /root/crontab_hl2
[root@localhost ~ ]#ls -il /etc/crontab
9114034 -rw-r--r--. 3 root root 451 Jun 10 2014 /etc/crontab
[root@localhost ~ ]#ls -il /root/crontab*
9114034 -rw-r--r--. 3 root root 451 Jun 10 2014 /root/crontab_hl1
9114034 -rw-r--r--. 3 root root 451 Jun 10 2014 /root/crontab_hl2
// 三个文件的 inode 相同,链接数均为 3
```

【例 4.25】 创建软链接文件。

```
[root@localhost ~ ]#ln -s /etc/crontab /root/crontab_sl1
[root@localhost ~ ]#cp -s /etc/crontab /root/crontab_sl2
[root@localhost ~ ]#ls -il /etc/crontab
9114034 -rw-r--r--. 3 root root 451 Jun 10 2014 /etc/crontab
// 文件/etc/crontab 的链接数还是为 3
[root@localhost ~ ]#ls -il /root/crontab_s*
16797795 lrwxrwxrwx. 1 root root 12 Sep 13 10:41 /root/crontab_sl1 - > /etc/crontab
16797796 lrwxrwxrwx. 1 root root 12 Sep 13 10:41 /root/crontab_sl2 - > /etc/crontab
// 两个软链接文件均与原文件的 inode 不同,而且均指向原文件,链接数均为 1
```

4.5　项目实践 1　文件类型与文件和目录操作

项目说明

本项目重点学习 Linux 的文件类型与文件和目录操作。通过本项目的学习,将会获得以下两方面的学习成果。

(1) 文件类型。

(2) 文件和目录操作。

任务 1　文件类型

任务要求

掌握 Linux 文件类型。

任务步骤

步骤 1:使用 vi 创建一个名为"学号姓名拼音首字母.txt"的文件。

```
[root@localhost ~ ]#vi 1234567890name.txt
1234567890name
```

步骤 2:使用命令 file 查看该文件的类型。

```
[root@localhost ~ ]#file 1234567890name.txt
```

步骤3：使用命令 mv 重命名该文件为"学号姓名拼音首字母.bmp"。

```
[root@localhost ~ ]#mv 1234567890name.txt 1234567890name.bmp
```

步骤4：使用命令 file 查看该文件的类型。

```
[root@localhost ~ ]#file 1234567890name.bmp
```

任务2 文件和目录操作

任务要求

掌握文件和目录操作。

任务步骤

步骤1：更改工作目录路径并显示。

(1) 使用绝对路径方式更改工作目录路径为/boot/grub,并显示工作目录路径。

```
[root@localhost ~ ]#cd /boot/grub
[root@localhost grub]#pwd
```

(2) 使用相对路径方式更改工作目录路径为/mnt,并显示工作目录路径。

```
[root@localhost grub]#cd ..
[root@localhost boot]#cd ..
[root@localhost /]#cd mnt
[root@localhost mnt]#pwd
```

步骤2：列出子目录和文件信息。

以长格式列出目录/boot 的子目录和文件的详细信息,包括隐藏文件,并加上文件类型标记。

```
[root@localhost ~ ]#ls -alF /boot
```

步骤3：修改文件的修改时间。

创建两个文件,文件名为"学号+file+编号",并将第2个文件的修改时间改为一年后的9月1日9时0分。

```
[root@localhost ~ ]#touch 1234567890file1 1234567890file2
[root@localhost ~ ]#touch -t 202109010900 1234567890file2
[root@localhost ~ ]#ls --full-time 1234567890file1 1234567890file2
```

步骤4：创建和删除目录。

(1) 分别创建一个默认权限的目录1、一个 777 权限的目录2,以及递归创建目录3与目录4。目录名格式为"学号+dir+编号"。

```
[root@localhost ~]#mkdir 1234567890dir1
[root@localhost ~]#mkdir -m 777 1234567890dir2
[root@localhost ~]#mkdir -p 1234567890dir3/1234567890dir4
[root@localhost ~]#ls -ld 1234567890dir*
```

（2）分别删除本步骤所创建的目录。

```
[root@localhost ~]#rmdir 1234567890dir1
[root@localhost ~]#rmdir 1234567890dir2
[root@localhost ~]#rmdir 1234567890dir3
```

（3）删除非空目录。

```
[root@localhost ~]#rm -rf 1234567890dir3
```

步骤 5：复制和重命名。

将文件/boot/grub2/device.map 复制到目录/root，再复制一次并重命名为 device.txt，最后将目录/boot 复制到目录/root。

```
[root@localhost ~]#cp /boot/grub2/device.map /root
[root@localhost ~]#cp /boot/grub2/device.map /root/device.txt
[root@localhost ~]#ls -l device*
[root@localhost ~]#cp -r /boot /root
```

步骤 6：移动和重命名。

（1）递归创建目录 1 与目录 2，目录名格式为"学号＋dir＋编号"。在目录 2 创建两个文件，文件名为"学号＋file＋编号"。

```
[root@localhost ~]#mkdir -p 1234567890dir1/1234567890dir2
[root@localhost ~]#cd 1234567890dir1/1234567890dir2
[root@localhost 1234567890dir2]#touch 1234567890file1 1234567890file2
[root@localhost 1234567890dir2]#cd ~
```

（2）将目录 2 移动到主目录，将文件 1 移动到主目录并保持原名，将文件 2 移动到主目录并重命名。

```
[root@localhost ~]#mv 1234567890dir1/1234567890dir2 1234567890dir2
[root@localhost ~]#mv 1234567890dir2/1234567890file1 1234567890file1
[root@localhost ~]#mv 1234567890dir2/1234567890file2 1234567890file22
```

（3）将文件 1 重命名。

```
[root@localhost ~]#mv 1234567890file1 1234567890file11
```

4.6 项目实践 2 链接文件

项目说明

本项目重点学习 Linux 的链接文件。通过本项目的学习，将会获得以下两方面的学习成果。

(1) 硬链接文件。

(2) 软链接文件。

任务 1 硬链接文件

任务要求

掌握硬链接文件的使用。

任务步骤

步骤 1：创建一个源文件，文件名为"学号＋file＋11"，文件内容为 hello，并查看文件的属性。

```
[root@localhost ~]#echo "hello" > 1234567890file11
[root@localhost ~]#ls -il 1234567890file1*
```

可以看到文件的当前链接数为 1。

步骤 2：创建源文件的硬链接文件，文件名为"学号＋file＋12"，并查看文件的属性。

```
[root@localhost ~]#ln 1234567890file11 1234567890file12
[root@localhost ~]#ls -il 1234567890file1*
[root@localhost ~]#cat 1234567890file11
[root@localhost ~]#cat 1234567890file12
```

可以看到源文件和硬链接文件的 inode、权限、大小和内容都是一样的，链接数变为 2。

步骤 3：修改源文件，并分别查看源文件和硬链接文件；修改硬链接文件，并分别查看硬链接文件和源文件。

```
[root@localhost ~]#echo "world" >> 1234567890file11
[root@localhost ~]#cat 1234567890file11
[root@localhost ~]#cat 1234567890file12
[root@localhost ~]#echo "hello world" >> 1234567890file12
[root@localhost ~]#cat 1234567890file11
[root@localhost ~]#cat 1234567890file12
```

可以看到，无论是修改源文件还是硬链接文件，两者的内容都会同时改变。

步骤 4：删除源文件，查看硬链接文件的属性及内容。

```
[root@localhost ~]#rm -rf 1234567890file11
[root@localhost ~]#ls -il 1234567890file1*
[root@localhost ~]#cat 1234567890file12
```

可以看到硬链接文件的链接数变为 1，内容保持不变。

任务 2　软链接文件

任务要求

掌握软链接文件的使用。

任务步骤

步骤 1：创建一个源文件，文件名为"学号＋file＋21"，文件内容为 hello，并查看文件的属性。

```
[root@localhost ~ ]#echo "hello" > 1234567890file21
[root@localhost ~ ]#ls -il 1234567890file2*
```

可以看到文件的当前链接数为 1。

步骤 2：创建源文件的软链接文件，文件名为"学号＋file＋22"，并查看文件的属性。

```
[root@localhost ~ ]#ln -s 1234567890file21 1234567890file22
[root@localhost ~ ]#ls -il 1234567890file2*
[root@localhost ~ ]#cat 1234567890file21
[root@localhost ~ ]#cat 1234567890file22
```

可以看到软链接文件的 inode、权限、大小与源文件不同的，还可以看到 1234567890file22
－＞ 1234567890file21，说明文件 1234567890file22 的源文件是 1234567890file21。源文件和
软链接文件的链接数都为 1。

步骤 3：修改源文件，并分别查看源文件和软链接文件；修改软链接文件，并分别查看软
链接文件和源文件。

```
[root@localhost ~ ]#echo "world" >> 1234567890file21
[root@localhost ~ ]#cat 1234567890file21
[root@localhost ~ ]#cat 1234567890file22
[root@localhost ~ ]#echo "hello world" >> 1234567890file22
[root@localhost ~ ]#cat 1234567890file21
[root@localhost ~ ]#cat 1234567890file22
```

可以看到无论是修改源文件还是软链接文件，两者的内容都会同时改变。

步骤 4：删除源文件，查看软链接文件的属性及内容。

```
[root@localhost ~ ]#rm -rf 1234567890file21
[root@localhost ~ ]#ls -il 1234567890file2*
[root@localhost ~ ]#cat 1234567890file22
```

可以看到软链接文件还是存在，但已经无法查看内容。

4.7　本章小结

Linux 扩展名的意义仅在于提高可读性，不作为系统识别文件类型的依据。Linux 的文
件类型分为普通文件、目录文件、设备文件、管道文件和符号链接文件。

    Linux 的目录结构是分层的树形结构,可以用一棵倒挂的树来表示。根目录是树根,用"/"表示,其他目录都是根目录的子目录或者是其子目录的子目录。

    Linux 的文件和目录操作命令主要有 pwd、cd、ls、touch、mkdir、rmdir、rm、cp、mv。

    创建硬链接文件时,是在目标路径建立一条文件名记录。该记录指向的 inode 与源文件指向的 inode 相同。这两个文件除了文件名不同,其他都相同。创建软链接文件时,相当于创建一个新的文件,该文件的 block 区存储源文件的路径和文件名。

第 5 章

常 用 命 令

本章主要学习 Linux 的常用命令：文本显示、文本处理、文件查找、命令查找、系统信息显示、用户登录信息显示、信息交流、日期时间。

本章的学习目标如下。

(1) 文本显示：掌握文本显示命令 cat、tac、more、less、head、tail、cut。

(2) 文本处理：掌握文本处理命令 sort、uniq、comm、cmp、diff、wc。

(3) 文件查找：掌握文件查找命令 find、locate、grep。

(4) 命令查找：掌握命令查找命令 whatis、whereis、which。

(5) 系统信息显示：掌握系统信息显示命令 uname、uptime。

(6) 用户登录信息显示：掌握用户登录信息显示命令 last、lastlog、whoami、who、w。

(7) 信息交流：掌握信息交流命令 echo、write、mesg、wall。

(8) 日期时间：掌握日期时间命令 cal、date、hwclock。

5.1 文 本 显 示

Linux 的文本显示命令主要有 cat、tac、more、less、head、tail、cut。

5.1.1 cat: 显示文本文件

cat 用于显示文本文件内容，或把几个文件内容附加到另一个文件中。如果没有指定文件，或者文件为“-”，那么就从标准输入读取。其语法格式如下：

```
cat [选项] [文件]
```

cat 命令的常用选项及其含义见表 5.1。

表 5.1　cat 命令的常用及其选项含义

选　　项	含　　义
-n 或--number	由 1 开始对所有输出的行编号
-b 或--number-nonblank	由 1 开始对所有输出的非空白行编号
-s 或--squeeze-blank	把连续的多个空白行显示为一行

【例 5.1】 显示文件/etc/crontab 的内容。

```
[root@localhost ~ ]#cat /etc/crontab
SHELL= /bin/bash
PATH= /sbin:/bin:/usr/sbin:/usr/bin
MAILTO= root
// 以下省略
```

【例 5.2】 把文件 f1 和 f2 的内容加上行号后输出到文件 f3 中。

```
[root@localhost ~ ]#cat f1
a
b
[root@localhost ~ ]#cat f2
c
d
[root@localhost ~ ]#cat -n f1 f2 > f3
[root@localhost ~ ]#cat f3
     1  a
     2  b
     3  c
     4  d
```

5.1.2 tac: 反向显示文本文件

tac 用于反向显示文本文件内容。其语法格式为

```
tac [选项] [文件]
```

【例 5.3】 反向显示文件 f3。

```
[root@localhost ~ ]#tac f3
     4  d
     3  c
     2  b
     1  a
```

5.1.3 more: 分页显示文本文件

more 用于分页显示文本文件的内容。其语法格式为

```
more [选项] [文件]
```

more 命令的常用选项及其含义见表 5.2。

表 5.2 more 命令的常用选项及其含义

选项	含　义
-c	从顶部清除屏幕内容,然后显示
-f	计算行数时,使用实际的行数,而不是自动换行过后的行数
-p	通过清除屏幕内容来对文件进行换页,与-c 选项相似
-s	把连续的多个空白行显示为一行
+n	从第 n 行开始显示
-n	一次显示的行数

more 命令的快捷键及其作用见表 5.3。

表 5.3 more 命令的快捷键及其作用

快 捷 键	作 用
n+Enter	显示下 n 行,需要定义。默认为 1 行
Ctrl+F/空格键	显示下一页
Ctrl+B / b	显示上一页
=	输出当前行的行号
:f	输出文件名和当前行的行号
v	调用文本编辑器 vi
! 命令	调用 Shell,并执行命令
q	退出

【例 5.4】 分页显示文件/etc/passwd 的内容。

```
[root@localhost ~ ]#more /etc/passwd
root:x:0:0:root:/root:/bin/bash
// 中间省略
radvd:x:75:75:radvd user:/:/sbin/nologin
--More--(49% )
```

【例 5.5】 从第 3 行开始每次 5 行显示/etc/passwd 的内容。

```
[root@localhost ~ ]#more + 3 -5 /etc/passwd
daemon:x:2:2:daemon:/sbin:/sbin/nologin
adm:x:3:4:adm:/var/adm:/sbin/nologin
lp:x:4:7:lp:/var/spool/lpd:/sbin/nologin
sync:x:5:0:sync:/sbin:/bin/sync
shutdown:x:6:0:shutdown:/sbin:/sbin/shutdown
--More--(11% )
```

5.1.4 less: 分页显示文本文件

less 用于分页显示文本文件的内容。less 的用法比 more 更有弹性,less 可以往前往后翻看文件,还可以搜索文件的内容。其语法格式为

```
less [选项] [文件]
```

less 命令的常用选项及其含义见表 5.4。

表 5.4 less 命令的常用选项及其含义

选 项	含 义
-e	当文件显示结束后,自动退出
-f	强迫打开特殊文件,例如设备文件、目录文件、二进制文件
-g	只标志最后搜索的关键词
-i	搜索时忽略大小写
-m	显示类似 more 命令的百分比
-N	显示每行的行号

选　项	含　义
-o<文件名>	将输出的内容在指定文件中保存起来
-s	把连续的多个空白行显示为一行
-S	行过长时将超出部分舍弃
-x <数字>	将 Tab 键显示为规定数字的空格

less 命令的快捷键及作用见表 5.5。

表 5.5　less 命令的快捷键及其作用

快　捷　键	作　用
Home	回到文首
End	回到文末
PgUp/PgDn	向上/向下翻页
空格键	显示下一页
Enter	显示下一行
↑ ↓ → ←	光标移动
/keyword	向下搜索关键字,按 n 查找下一个
?keyword	向上搜索关键字,按 n 查找上一个
q	退出

【例 5.6】　分页显示文件/etc/passwd 的内容。

```
[root@localhost ~ ]#less /etc/passwd
```

5.1.5　head: 显示文件前 n 行

head 用于显示文件前 n 行的内容,默认显示文件的前 10 行。如果没有指定文件,或者文件为"-",那么就从标准输入读取。其语法格式为

```
head[选项][文件]
```

head 命令的常用选项及其含义见表 5.6。

表 5.6　head 命令的常用选项及其含义

选　项	含　义
-c <字节>	显示的字节数
-n <行数>	显示的行数
-v	显示文件名

【例 5.7】　查看文件/etc/passwd 的前 3 行内容。

```
[root@localhost ~ ]#head -3 /etc/passwd
root:x:0:0:root:/root:/bin/bash
bin:x:1:1:bin:/bin:/sbin/nologin
daemon:x:2:2:daemon:/sbin:/sbin/nologin
```

【例 5.8】 查看文件/etc/passwd 的文件内容，显示前面所有行，除最后 3 行。

```
[root@localhost ~ ]#head -n -3 /etc/passwd
root:x:0:0:root:/root:/bin/bash
// 中间省略
postfix:x:89:89::/var/spool/postfix:/sbin/nologin
```

5.1.6　tail: 显示文件后 n 行

tail 用于显示文件后 n 行内容，默认显示文件的后 10 行。如果没有指定文件，或者文件为"-"，那么就从标准输入读取。如果指定了多个文件，tail 会在每段输出的开始添加相应文件名作为头。tail 常用于查看日志文件。其语法格式为

```
tail [选项] [文件]
```

tail 命令的常用选项及其含义见表 5.7。

表 5.7　tail 命令的常用选项及其含义

选　　项	含　　义
-c ＜字节＞	显示的字节数
-n ＜行数＞	显示的行数
-f	循环读取，即时输出文件变化后追加的数据

【例 5.9】 查看文件/etc/passwd 后 3 行内容。

```
[root@localhost ~ ]#tail -3 /etc/passwd
ntp:x:38:38::/etc/ntp:/sbin/nologin
tcpdump:x:72:72::/:/sbin/nologin
test:x:1000:1000:test:/home/test:/bin/bash
```

5.1.7　cut: 显示文件每行选定的字节、字符或字段

cut 用于显示文件每行选定的字节、字符或字段，选定方式只能为其中一种。其语法格式如下：

```
cut [选项] [文件]
```

cut 命令的常用选项及其含义见表 5.8。

表 5.8　cut 命令的常用选项及其含义

选　　项	含　　义
-b	指定字节(byte)位置
-c	指定字符(character)位置
-f	指定字段(field)位置
-d＜分隔符＞	指定分隔符

【例 5.10】 显示文件/etc/passwd 中的用户登录名和用户名全称字段,这是第 1 个和第 5 个字段,由冒号隔开。

```
[root@localhost ~ ]#cut -d: -f 1,5 /etc/passwd
root:root
bin:bin
daemon:daemon
// 以下省略
```

5.2 文 本 处 理

Linux 的文本处理命令主要有 sort、uniq、comm、cmp、diff、wc。

5.2.1 sort: 文本文件内容排序

sort 用于将文本文件内容排序后输出。sort 不修改文件本身。其语法格式为

```
sort [选项] [文件]
```

sort 命令的常用选项及其含义见表 5.9。

表 5.9 **sort 命令的常用选项及其含义**

选 项	含 义
-c	检查文件是否已经按照顺序排序
-d	排序时,除了处理英文字母、数字及空格字符外,忽略其他的字符
-f	排序时,将小写字母视为大写字母
-i	排序时,除了 040 至 176 之间的 ASCII 字符外,忽略其他的字符
-k <列数>	指定排序时所用的列数
-m	将几个排序好的文件进行合并
-t <分隔字符>	指定排序时所用的栏位分隔字符
-r	以相反的顺序来排序

【例 5.11】 读取文件/etc/passwd,并升序显示在屏幕上。

```
[root@localhost ~ ]#sort /etc/passwd
abrt:x:173:173::/etc/abrt:/sbin/nologin
adm:x:3:4:adm:/var/adm:/sbin/nologin
// 中间省略
unbound:x:993:990:Unbound DNS resolver:/etc/unbound:/sbin/nologin
usbmuxd:x:113:113:usbmuxd user:/:/sbin/nologin
```

【例 5.12】 读取文件/etc/passwd,并降序显示在屏幕上。

```
[root@localhost ~ ]#sort -r /etc/passwd
usbmuxd:x:113:113:usbmuxd user:/:/sbin/nologin
unbound:x:993:990:Unbound DNS resolver:/etc/unbound:/sbin/nologin
// 中间省略
```

```
adm:x:3:4:adm:/var/adm:/sbin/nologin
abrt:x:173:173::/etc/abrt:/sbin/nologin
```

【例5.13】 读取文件/etc/passwd,以":"为分隔符的第3列来排序(默认分隔符为制表符),并升序显示在屏幕上。

```
[root@localhost ~ ]#sort -t : -k 3 /etc/passwd
root:x:0:0:root:/root:/bin/bash
test:x:1000:1000:test:/home/test:/bin/bash
// 中间省略
polkitd:x:999:998:User for polkitd:/:/sbin/nologin
nobody:x:99:99:Nobody:/:/sbin/nologin
```

5.2.2 uniq: 重复行删除

uniq 用于检查及删除文本文件中重复出现的行。uniq 不修改文件本身,一般用于对 sort 结果进行处理。其语法格式为

```
uniq[选项][输入文件][输出文件]
```

uniq 命令的常用选项及其含义见表5.10。

表5.10 uniq 命令的常用选项及其含义

选　　项	含　　义
-c 或--count	在每行前边显示该行重复出现的次数
-d 或--repeated	仅显示重复出现的行
-u 或--unique	仅显示出现一次的行

【例5.14】 读取文件 f1 后排序,重复行显示其重复次数。

```
[root@localhost ~ ]#cat f1
aa
ab
bb
aa
ba
bb
[root@localhost ~ ]#sort f1 | uniq -c
      2 aa
      1 ab
      1 ba
      2 bb
```

【例5.15】 读取文件 f1 后排序,重复行只显示1行、只显示重复行和只显示不重复行。

```
[root@localhost ~ ]#sort f1 | uniq
aa
ab
ba
```

```
bb
// 重复行只显示1行
[root@localhost ~ ]#sort f1 | uniq -d
aa
bb
// 只显示重复行
[root@localhost ~ ]#sort f1 | uniq -u
ab
ba
// 只显示不重复行
```

5.2.3　comm: 比较两个已排过序的文件

comm(common)比较两个已排过序的文件。comm 会一行行地比较两个已排序文件的差异,并将其结果显示出来,如果没有指定任何选项,则会把结果分成以下 3 列显示。

(1) 第 1 列是仅在第 1 个文件中出现过的行。

(2) 第 2 列是仅在第 2 个文件中出现过的行。

(3) 第 3 列是在第 1 个与第 2 个文件中都出现过的行。

comm 只进行同一行之间的比较,若两者错开,则无法比较。其语法格式为

```
comm [选项] [文件 1] [文件 2]
```

comm 命令的常用选项及其含义见表 5.11。

表 5.11　comm 命令的常用选项及其含义

选项	含　义
-1	不显示只在第 1 个文件里出现过的行
-2	不显示只在第 2 个文件里出现过的行
-3	不显示只在第 1 个和第 2 个文件里出现过的行

【例 5.16】　比较文件 f1 和 f2。

```
[root@localhost ~ ]#cat f1
aa
bb
[root@localhost ~ ]#cat f2
aa
cc
[root@localhost ~ ]#comm f1 f2
        aa
bb
    cc
```

【例 5.17】　比较文件 f1 和 f2,不显示只在第 1 个、第 2 个、第 1 个和第 2 个文件里出现过的行。

```
[root@localhost ~ ]#comm -1 f1 f2
    aa
cc
// 不显示只在第 1 个文件里出现过的行
[root@localhost ~ ]#comm -2 f1 f2
    aa
bb
// 不显示只在第 2 个文件里出现过的行
[root@localhost ~ ]#comm -3 f1 f2
bb
    cc
// 不显示只在第 1 个和第 2 个文件里出现过的行
```

5.2.4   cmp: 按字节比较文件

cmp(compare)用于比较两个文件是否有差异。当两个文件一致时,cmp 不会显示任何信息。当两个文件不一致时,cmp 默认会标出第一个不同之处的字符数和行号。其语法格式为

cmp［选项］［文件 1］［文件 2］

cmp 命令的常用选项及其含义见表 5.12。

表 5.12   cmp 命令的常用选项及其含义

选　　项	含　　义
-c 或--print-chars	标出不同之处的字符的八进制数和字符本身
-l 或--verbose	标出所有不同之处

【例 5.18】 按字节比较文件 f1 和 f2。

```
[root@localhost ~ ]#cat f1
aa
bb
[root@localhost ~ ]#cat f2
aa
cc
[root@localhost ~ ]#cmp f1 f2
f1 f2 differ: byte 4, line 2
```

5.2.5   diff: 逐行比较两个文本文件

diff(differ)用于比较文件的差异,并显示出两个文件中所有不同的行,不要求事先对文件进行排序,一般用于比较文件的新旧版本。如果比较目录,则会比较目录中相同文件名的文件,但不会比较其子目录。diff 的语法格式为

diff［选项］［文件或目录 1］［文件或目录 2］

diff 命令的常用选项及其含义见表 5.13。

表 5.13 diff 命令的常用选项及其含义

选　　项	含　　义
-a 或--text	diff 默认只会逐行比较文本文件
-b 或--ignore-space-change	不检查空格符的不同
-B 或--ignore-blank-lines	不检查空白行
-c	显示文件全部内容,并标出不同之处
-H 或--speed-large-files	比较大文件时,可加快速度
-i 或--ignore-case	不检查大小写的不同
-q 或--brief	仅显示有无差异,不显示详细的信息
-r 或--recursive	比较子目录中的文件
-s 或--report-identical-files	若没有发现任何差异,仍然显示信息
-t 或--expand-tabs	在输出时,将 tab 字符展开
-u,-U ＜列数＞或--unified＝＜列数＞	以合并的方式来显示文件内容的不同
-w 或--ignore-all-space	忽略全部的空格符
-W ＜宽度＞或--width ＜宽度＞	在使用-y 选项时,指定栏宽
-x ＜文件名或目录＞或--exclude ＜文件名或目录＞	不比较选项中所指定的文件或目录
-X＜文件＞或--exclude-from＝＜文件＞	可以将文件或目录类型存成文本文件,然后在＝＜文件＞中指定此文本文件
-y 或--side-by-side	以并列的方式显示文件的异同之处

输出通常由下述形式的行组成:

```
n1 a n3, n4
n1, n2 d n3
```

字母(a、d 和 c)之前的行号(n1、n2)是针对文件 1 的,其后面的行号(n3、n4)是针对文件 2 的。字母 a、d 和 c 分别表示附加(attach)、删除(delete)和修改(change)操作。

在上述形式的每一行的后面跟随受到影响的若干行,以"＜"打头的行属于第一个文件,以"＞"打头的行属于第二个文件。

【例 5.19】 比较 f1 和 f2 文件,列出其不同之处。

```
[root@localhost ~ ]#cat f1
aa
cc
bb
[root@localhost ~ ]#cat f2
bb
aa
dd
[root@localhost ~ ]#diff f1 f2
1,2d0
< aa
< cc
// 删除第 1 个文件的第 1、2 行
3a2,3
> aa
> dd
// 附加第 2 个文件的第 2、3 行到第 1 个文件的第 3 行后面
```

5.2.6 wc: 统计文件的字节数、单词数和行数

wc(word count)用于统计文件的字节数、单词数和行数。如果没有指定文件,或者文件为"-",那么就从标准输入读取。wc同时也给出所有指定文件的总统计数。单词是由空格符区分开的最大字符串。按行数、单词数、字节数、文件的顺序显示每项信息。wc的语法格式为

```
wc [选项] [文件]
```

wc命令的常用选项及其含义见表5.14。

表 5.14 wc命令的常用选项及其含义

选项	含　义
-c	只显示字节数
-w	只显示单词数
-l	只显示行数

【例5.20】 统计文件initial-setup-ks.cfg的字节数、单词数和行数。

```
[root@localhost ~ ]#wc initial-setup-ks.cfg
  63  154  1771  initial-setup-ks.cfg
// 文件 initial-setup-ks.cfg 的字节数为 1771、单词数为 154、行数为 63
```

5.3 文 件 查 找

Linux的文件查找命令主要有find、locate、grep。

5.3.1 find: 查找文件或目录

find用于查找文件或目录,可以将文件系统中符合条件的文件或目录列出来,可以指定文件的名称、类别、时间、大小以及权限等不同信息的组合。只有完全相符的文件才会被列出来。任何位于选项之前的字符串都将被视为要查找的文件或目录。find的语法格式为

```
find [路径] [选项]
```

find命令的常用选项及其含义见表5.15。

表 5.15 find命令的常用选项及其含义

选　项	含　义
-empty	查找文件大小为0B的文件,或目录下没有任何子目录或文件的空目录
-inum <inode 号>	查找符合指定的 inode 号的文件或目录
-links <硬链接数>	查找符合指定的硬链接数的文件或目录

(1)与文件属性有关的选项及其含义(见表5.16)。

表 5.16　与文件属性有关的选项及其含义

选　项	含　义
-name ＜文件名＞	查找符合指定的文件名的文件
-size ［＋｜－］n［c］	查找符合指定的大小的文件,长度为 n 块(或 n 字节)
-type ＜文件类型＞	查找符合指定的类型的文件,文件类型包括:f(普通文件)、d(目录文件)、b(块设备文件)、c(字符设备文件)、p(管道文件)、l(符号链接文件)

【例 5.21】　使用文件属性进行文件查找。

```
[root@localhost ~ ]#find /usr -name ls
/usr/bin/ls
// 查找文件名为"ls"的文件
[root@localhost ~ ]#find /usr -size -4c
/usr/bin/geqn
/usr/bin/gpic
/usr/bin/gtbl
// 查找小于 4 个字节的文件;以下省略
[root@localhost ~ ]#find /usr -type l
/usr/bin/bashbug
/usr/bin/pstree.x11
/usr/bin/sh
// 查找类型为符号链接文件的文件;以下省略
```

(2) 与时间有关的选项及其含义(见表 5.17)。

表 5.17　与时间有关的选项及其含义

选　项	含　义
-atime［＋｜－］n	查找在指定时间被访问的文件或目录,单位以 24 小时计算
-ctime ［＋｜－］n	查找在指定时间被创建的文件或目录,单位以 24 小时计算
-mtime ［＋｜－］n	查找在指定时间被更改的文件或目录,单位以 24 小时计算
-amin ［＋｜－］n	查找在指定时间被访问的文件或目录,单位以分钟计算
-cmin ［＋｜－］n	查找在指定时间被创建的文件或目录,单位以分钟计算
-mmin ［＋｜－］n	查找在指定时间被更改的文件或目录,单位以分钟计算
-newer ＜参考文件或目录＞	查找更改时间较参考文件或目录的更改时间更接近现在的文件或目录

以 mtime 为例:

```
-mtime n      在 n 天前的 24 小时内
-mtime + n    n 天前(不含 n)
-mtime -n     n 天内(含 n)
```

【例 5.22】　使用文件时间进行文件查找。

```
[root@localhost ~ ]#find /var/log -mtime 1
// 查找 1 天前 24 小时内修改的文件
[root@localhost ~ ]#find /var/log -mtime + 1
/var/log/tallylog
/var/log/grubby_prune_debug
/var/log/lastlog
```

```
// 查找 1 天前修改的文件;以下省略
[root@localhost ~ ]#find /var/log -mtime -1
/var/log
/var/log/wtmp
/var/log/audit/audit.log
// 查找 1 天内修改的文件;以下省略
```

（3）与用户/组群有关的选项及其含义（见表 5.18）。

表 5.18　与用户/组群有关的选项及其含义

选项	含义
-uid ＜用户识别码＞	查找符合指定的用户识别码的文件或目录
-gid ＜组群识别码＞	查找符合指定的组群识别码的文件或目录
-user ＜用户名＞	查找符合指定的用户名的文件或目录
-group ＜组群名＞	查找符合指定的组群名的文件或目录
-nouser	找出不属于本地主机用户的文件或目录
-nogroup	找出不属于本地主机组群的文件或目录

注：-nouser/-nogroup 用于查找文件所有者或所有组不存在的文件，这些文件被称为孤魂文件。例如，用户或组群被删除；自行安装的软件是无所有组的。

【例 5.23】　使用用户/组群进行文件查找。

```
[root@localhost ~ ]#find /home -uid 1000 | head -3
/home/test
/home/test/.mozilla
/home/test/.mozilla/extensions
// 查找用户识别码为 1000 的文件,只显示前 3 个符合条件的文件
[root@localhost ~ ]#find /home -gid 1000 | head -3
/home/test
/home/test/.mozilla
/home/test/.mozilla/extensions
// 查找组群识别码为 1000 的文件,只显示前 3 个符合条件的文件
[root@localhost ~ ]#find /home -user test | head -3
/home/test
/home/test/.mozilla
/home/test/.mozilla/extensions
// 查找用户名为 test 的文件,只显示前 3 个符合条件的文件
[root@localhost ~ ]#find /home -group test | head -3
/home/test
/home/test/.mozilla
/home/test/.mozilla/extensions
// 查找组群名为 test 的文件,只显示前 3 个符合条件的文件
[root@localhost ~ ]#find /home -nouser
// 查找文件所有者不存在的文件
[root@localhost ~ ]#find /home -nogroup
// 查找文件所有组不存在的文件
```

（4）与权限有关的选项及其含义（见表 5.19）。

表 5.19　与权限有关的选项及其含义

选　　项	含　　义
-perm[−|/]<权限数值>	查找符合指定的权限数值的文件或目录

说明：

（1）find-perm<权限数值>，<权限数值>转换成二进制数，被查找的文件或目录的权限位也转换成二进制数，两者的所有二进制位完全匹配，那么匹配成功。

（2）find-perm-<权限数值>，<权限数值>转换成二进制数，被查找的文件或目录的权限位也转换成二进制数，两者在二进制位上为 1 的部分必须完全匹配，而 0 则不用管。例如，<权限数值>=644 转换成二进制数是 110 100 100，被查找的文件或目录的权限转换成二进制数是 111 111 111，则匹配；而如果是 100 100 100，则不匹配。

（3）find-perm/<权限数值>，<权限数值>转换成二进制数，被查找的文件或目录的权限位也转换成二进制数，<权限数值>的二进制位上任意一个 1 在文件权限位匹配，而 0 则不用管。

【例 5.24】　使用权限进行文件查找。

```
[root@localhost ~ ]#find -perm 644 | head -3
./.bash_logout
./.bash_profile
./.bashrc
// 查找权限为 644 的文件,严格匹配,并显示前 3 个结果
[root@localhost ~ ]#find -perm -644 | head -3
./.bash_logout
./.bash_profile
./.bashrc
// 查找权限为 644 的文件,权限为 1 的全部匹配,并显示前 3 个结果
[root@localhost ~ ]#find -perm /644 | head -3
.
./.bash_logout
./.bash_profile
// 查找权限为 644 的文件,权限为 1 的任意一个匹配,并显示前 3 个结果
```

5.3.2　locate: 在数据库中查找文件

locate 用于查找文件，比 find 的搜索速度快，因为 locate 是在数据库中查找，而 find 直接查找磁盘。大多数 Linux 发行版本设定数据库每天更新一次，当新建文件或删除文件时，如果数据库尚未更新，会导致 locate 查找错误。手动更新 locate 数据库的命令为 updatedb。locate 的语法格式为

```
locate [选项] [文件]
```

locate 命令的常用选项及其含义见表 5.20。

表 5.20　locate 命令的常用选项及其含义

选　项	含　义
-i	忽略大小写
-c	显示找到的文件数
-n [num]	指定显示找到的前 n 个文件

【例 5.25】 查找文件名为 passwd 的前 3 个文件。

```
[root@localhost ~]#locate -n 3 passwd
locate: can not stat () `/var/lib/mlocate/mlocate.db': No such file or directory
// 尚未建立 locate 数据库,无法打开数据库文件
[root@localhost ~]#updatedb
[root@localhost ~]#locate -n 3 passwd
/etc/passwd
/etc/passwd-
/etc/pam.d/passwd
```

5.3.3　grep: 查找文件中符合条件的字符串

grep 用于查找文件中符合条件的字符串。如果没有指定文件,或者文件为"-",那么就从标准输入读取。其语法格式为

```
grep [选项] [文件] [字符串]
```

grep 命令的常用选项及其含义见表 5.21。

表 5.21　grep 命令的常用选项及其含义

选　项	含　义
-A<显示行数>或--after-context=<显示行数>	除了显示匹配字符串的那一行之外,并显示该行之后的内容
-B<显示行数>或--before-context=<显示行数>	除了显示匹配字符串的那一行之外,并显示该行之前的内容
-C<显示行数>或--context=<显示行数>或-<显示行数>	除了显示匹配字符串的那一行之外,并显示该行之前后的内容
-b 或--byte-offset	在显示匹配字符串的那一行之前,标示出该行第一个字符的偏移量
-n 或--line-number	在显示匹配字符串的那一行之前,标示出该行的行号
-f<范本文件>或--file=<范本文件>	指定范本文件,其内容含有一个或多个字符串,让 grep 查找符合范本条件的文件内容,格式为每行一个字符串
-H 或--with-filename	在显示匹配字符串的那一行之前,表示该行所属的文件名称
-h 或--no-filename	在显示匹配字符串的那一行之前,不标示该行所属的文件名称
-i 或--ignore-case	忽略字符大小写的差别
-L 或--files-without-match	只显示文件内容不匹配指定的字符串的文件名称

续表

选　　项	含　　义
-l 或--file-with-matches	只显示文件内容匹配指定的字符串的文件名称
-v 或--revert-match	只显示不包含字符串的行
-w 或--word-regexp	只显示全字匹配的行
-x 或--line-regexp	只显示全行匹配的行
-r 或--recursive	递归读取每个目录下的所有文件

【例 5.26】　显示所有以 file 开头的文件中包含 file 的行。

```
[root@localhost ~ ]#cat file1
file1
aa
[root@localhost ~ ]#cat file2
file2
bb
[root@localhost ~ ]#grep 'file' file*
file1:file1
file2:file2
```

【例 5.27】　显示所有以 file 开头的文件中包含以"f"开头、不包含以"f"开头、包含以小写字母结尾的行。

```
[root@localhost ~ ]#grep ^f file*
file1:file1
file2:file2
// 显示所有以 file 开头的文件中包含以"f"开头的行
[root@localhost ~ ]#grep -v ^f file*
file1:aa
file2:bb
// 显示所有以 file 开头的文件中不包含以"f"开头的行
[root@localhost ~ ]#grep '[a-z]$ ' file*
file1:aa
file2:bb
// 显示所有以 file 开头的文件中包含以小写字母结尾的行
```

【例 5.28】　在文件 file3 中显示所有包含至少有 3 个连续英文小写字母的行。

```
[root@localhost ~ ]#cat file3
a
bb
ccc
dddd
[root@localhost ~ ]#grep '[a-z]\{3\}' file3
ccc
dddd
```

5.4 命 令 查 找

Linux 的命令查找命令主要有 whatis、whereis、which。

5.4.1 whatis: 查询命令的功能

whatis 用于查询命令的功能,相当于"man -f",需要 whatis 数据库支持。创建 whatis 数据库命令为 makewhatis / mandb。whatis 的语法格式为

```
whatis [命令]
```

【例 5.29】 查询 ls 命令的功能。

```
[root@localhost ~ ]#whatis ls
ls: nothing appropriate.
// 尚未建立 whatis 数据库导致无法查询到结果
[root@localhost ~ ]#mandb
Processing manual pages under /usr/share/man...
// 中间省略
117 man subdirectories contained newer manual pages.
11837 manual pages were added.
0 stray cats were added.
0 old database entries were purged.
[root@localhost ~ ]#whatis ls
ls (1)                  - list directory contents
ls (1p)                 - list directory contents
```

5.4.2 whereis: 查找命令的相关文件的位置

whereis 用于查找命令的源代码文件、二进制文件、帮助文件的位置。

```
whereis [选项] [命令]
```

whereis 命令的常用选项及其含义见表 5.22。

表 5.22 whereis 命令的常用选项及其含义

选　　项	含　　义
-s	只查找源代码文件
-b	只查找二进制文件
-m	只查找帮助文件
-S ＜目录＞	只在指定的目录下查找源代码文件
-B ＜目录＞	只在指定的目录下查找二进制文件
-M ＜目录＞	只在指定的目录下查找说明文件
-f	不显示文件名前的路径名称
-u	查找不包含指定类型的文件

【例 5.30】 查找命令 ls 的全部文件、源代码、二进制文件和帮助文件。

```
[root@localhost ~ ]#whereis ls
ls: /usr/bin/ls /usr/share/man/man1/ls.1.gz /usr/share/man/man1p/ls.1p.gz
[root@localhost ~ ]#whereis -s ls
ls:
// 查找命令 ls 的源代码文件
[root@localhost ~ ]#whereis -b ls
ls: /usr/bin/ls
// 查找命令 ls 的二进制文件
[root@localhost ~ ]#whereis -m ls
ls: /usr/share/man/man1/ls.1.gz /usr/share/man/man1p/ls.1p.gz
// 查找命令 ls 的帮助文件
```

5.4.3 which: 查找命令的路径和别名

which 用于在环境变量 $PATH 设置的目录里查找命令的路径和别名。其语法格式为

```
which [选项] [命令]
```

【例 5.31】 显示命令的路径和别名。

```
[root@localhost ~ ]#which ls
alias ls= 'ls --color= auto'
    /usr/bin/ls
// 普通用户命令 ls 的路径和别名
[root@localhost ~ ]#which ifconfig
/usr/sbin/ifconfig
// 系统维护命令 ifconfig 的路径
[root@localhost ~ ]#which type
/usr/bin/which: no type in (/usr/local/bin:/usr/local/sbin:/usr/bin:/usr/sbin:/
bin:/sbin:/root/bin)
// 内置命令 type 没有独立的命令文件
```

5.5 系统信息显示

Linux 的系统信息显示命令主要有 uname、uptime。

5.5.1 uname: 显示系统信息

uname 用于显示系统信息。其语法格式为

```
uname [选项]
```

uname 命令的常用选项及其含义见表 5.23。

表 5.23　uname 命令的常用选项及其含义

选　　项	含　　义
-a 或--all	显示所有信息
-m 或--machine	显示机器(硬件)类型
-n 或--nodename	显示节点主机名
-p 或--processor	显示处理器类型
-r 或--release	显示操作系统发行版本
-s 或--sysname	显示操作系统名
-v	显示操作系统版本

【例 5.32】 显示操作系统名和所有系统信息。

```
[root@localhost ~ ]#uname
Linux
[root@localhost ~ ]#uname -a
Linux localhost.localdomain 3.10.0-1127.el7.x86_64 # 1 SMP Tue Mar 31 23:36:51 UTC
2020 x86_64 x86_64 x86_64 GNU/Linux
```

5.5.2　uptime: 显示系统的运行时间

uptime 用于显示系统的运行时间,包括当前时间、运行时间、当前登录用户数量以及过去的 1 分钟、5 分钟和 15 分钟的平均负载。uptime 的语法格式为

```
uptime
```

【例 5.33】 显示系统运行时间。

```
[root@localhost ~ ]#uptime
17:33:40 up 1 min, 2 users, load average: 1.39, 0.44, 0.16
```

5.6　用户登录信息显示

Linux 的用户登录信息显示命令主要有 last、lastlog、whoami、who、w。

5.6.1　last: 显示目前与过去登录系统的用户相关信息

last 用于显示目前与过去登录系统的用户相关信息,读取/var/log/wtmp 文件,并把该文件记录的登录系统的用户名单全部显示出来。其语法格式为

```
last [选项] [用户名]
```

last 命令的常用选项及其含义见表 5.24。

表 5.24　last 命令的常用选项及其含义

选　项	含　义
-a	把从何处登录系统的主机名称或 IP 地址,显示在最后一行
-d	将 IP 地址转换成主机名称
-f<记录文件>	指定记录文件
-[n]<显示列数>	设置列出名单的显示列数
-R	不显示登录系统的主机名称或 IP 地址
-x	显示系统关机、重新开机,以及目标的改变等信息

【例 5.34】　显示目前与过去登录系统的用户相关信息。

```
[root@localhost ~ ]#last
root     pts/0        :0              Sat Sep 19 17:33   still logged in
root     :0           :0              Sat Sep 12 19:43   still logged in
reboot   system boot  3.10.0-1127.el7. Sat Sep 12 19:42 -17:33 (6+ 21:51)
root     :0           :0              Tue Sep  8 00:49 -down   (00:00)
reboot   system boot  3.10.0-1127.el7. Tue Sep  8 00:48 -00:49 (00:01)
root     :0           :0              Tue Sep  8 00:47 -down   (00:00)
test     :0           :0              Tue Sep  8 00:47 -00:47  (00:00)
root     :0           :0              Tue Sep  8 00:46 -00:46  (00:00)
test     :0           :0              Tue Sep  8 00:45 -00:46  (00:01)
root     :0           :0              Tue Sep  8 00:43 -00:45  (00:01)
reboot   system boot  3.10.0-1127.el7. Tue Sep  8 00:35 -00:47  (00:12)

wtmp begins Tue Sep 8 00:35:15 2020
```

【例 5.35】　显示用户 root 在控制台终端的所有登录和注销记录。

```
[root@localhost ~ ]#last root console
root     pts/0        :0              Sat Sep 19 17:33 still logged in
root     :0           :0              Sat Sep 12 19:43 still logged in
root     :0           :0              Tue Sep  8 00:49 -down   (00:00)
root     :0           :0              Tue Sep  8 00:47 -down   (00:00)
root     :0           :0              Tue Sep  8 00:46 -00:46  (00:00)
root     :0           :0              Tue Sep  8 00:43 -00:45  (00:01)

wtmp begins Tue Sep 8 00:35:15 2020
```

5.6.2　lastlog: 显示系统中所有用户最近一次登录信息

lastlog 用于显示系统中所有用户最近一次登录信息,格式化输出上次登录日志/var/log/lastlog 的内容,根据 UID 排序显示登录名、端口号(tty)和上次登录时间。

```
lastlog[选项]
```

lastlog 命令的常用选项及其含义见表 5.25。

表 5.25　lastlog 命令的常用选项及其含义

选　　项	含　　义
-b ＜天数＞	显示指定天数以前的登录信息
-t ＜天数＞	显示指定天数的登录信息
-u ＜用户名＞	显示指定用户的最近登录信息

【例 5.36】 显示系统中所有用户最近一次登录信息。

```
[root@localhost ~ ]#lastlog
Username            Port       From            Latest
root                :0                         Sat Sep 12 19:43:20 + 0800 2020
bin                                            ** Never logged in**
// 中间省略
tcpdump                                        ** Never logged in**
test                :0                         Tue Sep 8 00:46:58 + 0800 2020
```

5.6.3　whoami: 显示当前用户的用户名

whoami 用于显示当前用户的用户名。其语法格式为

```
whoami
```

【例 5.37】 显示当前用户的用户名。

```
[root@localhost ~ ]#whoami
root
```

5.6.4　who: 显示目前登录系统的简单用户信息

功能：who 用于显示目前登录系统的简单用户信息。其语法格式为

```
who [选项]
```

who 命令的常用选项及其含义见表 5.26。

表 5.26　who 命令的常用选项及其含义

选　　项	含　　义
-H 或--heading	显示各栏位的标题信息列
-u 或--idle	显示发呆时间,若该用户在前一分钟之内有进行任何动作,将标示成"."号,如果该用户已超过 24 小时没有任何动作,则标示出"old"字符串
-q 或--count	只显示登录系统的账号名称和总人数

【例 5.38】 显示目前登录系统的简单用户信息。

```
[root@localhost ~ ]#who
root    :0          2020-09-12 19:43 (:0)
root    pts/0       2020-09-19 17:33 (:0)
```

5.6.5 w: 显示目前登录系统的详细用户信息

w 用于显示目前登录系统的详细用户信息,第一行显示当前时间、运行时间、当前登录用户数量以及过去的 1 分钟、5 分钟和 15 分钟的平均负载。其语法格式为

```
w[选项]
```

w 命令的常用选项及其含义见表 5.27。

表 5.27　w 命令的常用选项及其含义

选项	含　义
-f	开启或关闭显示用户从何处登录系统
-h	不显示各栏位的标题信息列
-l	使用详细格式列表,此为默认值
-s	使用简洁格式列表,不显示用户登录时间,作业和程序所耗费的 CPU 时间
-u	忽略执行程序的名称,以及该程序耗费 CPU 时间的信息

【例 5.39】　显示目前登录系统的详细用户信息。

```
[root@localhost ~ ]#w
17:36:21 up 4 min,  2 users,  load average: 0.09, 0.26, 0.13
USER     TTY      FROM        LOGIN@  IDLE  JCPU  PCPU WHAT
root     :0       :0          12Sep20 ? xdm?   22.56s  0.18s /usr/libexec/gnome-ses
root     pts/0    :0          17:33   5.00s 0.12s  0.06s w
[root@localhost ~ ]#
```

5.7　信　息　交　流

Linux 的信息交流命令主要有 echo、write、mesg、wall。

5.7.1 echo: 在屏幕上显示文本

echo 用于在屏幕上显示文本,一般起到一个提示的作用。其语法格式为

```
echo[-n ][字符串]
```

echo 命令的常用选项及其含义见表 5.28。

表 5.28　echo 命令的常用选项及其含义

选项	含　义
-n	输出文字后不换行

echo 引号的作用见表 5.29。

表 5.29   echo 引号的作用

不加引号	字符串中如果有空格符,则以空格符作为分隔符(连续的多个空格符作为一个分隔符),整个字符串被分成多个独立的字符串输出,字符串之间以一个空格符分隔;特殊字符进行相应的转换后输出
加单引号	能输出连续的多个空格符,特殊字符原样输出
加双引号	能输出连续的多个空格符,特殊字符进行相应的转换后输出

【例 5.40】   在屏幕上显示文本,不加引号。

```
[root@localhost ~ ]#echo Hello world
Hello world
[root@localhost ~ ]#echo Hello    world
Hello world
// 连续的多个空格符作为一个分隔符,整个字符串被分成多个独立的字符串输出
// 字符串之间以一个空格符分隔
[root@localhost ~ ]#echo Hello world $ BASH
Hello world /usr/bin/bash
// 特殊字符进行相应的转换后输出
```

【例 5.41】   在屏幕上显示文本,加单引号。

```
[root@localhost ~ ]#echo 'Hello        world'
Hello    world
// 能输出连续的多个空格符
[root@localhost ~ ]#echo 'Hello world $ BASH'
Hello world $BASH
// 特殊字符原样输出
```

【例 5.42】   在屏幕上显示文本,加双引号。

```
[root@localhost ~ ]#echo "Hello        world"
Hello    world
// 能输出连续的多个空格符
[root@localhost ~ ]#echo "Hello world $BASH"
Hello world /usr/bin/bash
// 特殊字符进行相应的转换后输出
```

5.7.2   write: 发送信息

write 用于发送信息给另一位登录系统的用户。按 Enter 键将当前行的信息发送给对方,使用快捷键 Ctrl+C 或 Ctrl+D 结束发送。如果接收信息的用户不只登录本地主机一次,可以指定接收信息的终端号。write 的语法格式为

```
write[用户名称][终端号]
```

【例 5.43】   向用户 test 发送信息。

```
[root@localhost ~ ]#write test
write: test is not logged in
// 用户 test 未登录，无法发送信息
[root@localhost ~ ]#write test
Hello
World
// 用户 test 已登录，可以发送信息
[test@localhost ~ ]$
Message from root@localhost.localdomain on tty2 at 17:51 ...
Hello
World
EOF
// 用户 test 接收来自用户 root 的信息
```

5.7.3　mesg: 设置发送信息的写入权限

mesg 用于设置发送信息的写入权限。mesg 设置发送信息的写入权限对 root 用户无效。其语法格式为

```
mesg [y|n]
```

mesg 命令的常用选项及其含义见表 5.30。

表 5.30　mesg 命令的常用及其选项含义

选项	含　义
y	允许其他用户将信息直接显示在自己的屏幕上
n	拒绝其他用户将信息直接显示在自己的屏幕上

【例 5.44】　查询是否允许其他用户发送信息给自己。

```
[root@localhost ~ ]#mesg
is y
```

【例 5.45】　禁止其他用户发送信息给自己。

```
[root@localhost ~ ]#mesg n
[root@localhost ~ ]#mesg
is n
[root@localhost ~ ]#write test
write: you have write permission turned off
// 禁止其他用户发送信息给自己后，自己也不能发送信息给其他用户
[test@localhost ~ ]$write root
write: root has messages disabled
// 用户 root 已经禁用消息发送
```

5.7.4　wall: 对全部登录的用户发送信息

wall(write all)用于对全部登录的用户发送信息。若不指定信息内容，则 wall 会从标准

输入读取数据,然后再把所得到的数据传送给所有用户。默认情况下任何用户均能够对全部登录的用户发送信息。设置禁止信息的写入权限(mesg n)后,用户 root 能够对全部登录的用户发送信息,不会收到其他用户通过 wall 发送的信息,其他用户会收到任何用户通过 wall 发送的信息。wall 的语法格式为

```
wall[公告信息]
```

【例 5.46】 对全部登录的用户发送信息 Hello world。

```
[root@localhost ~ ]#wall 'Hello world'

Broadcast message from root @ localhost.localdomain (pts/0) (Sat Sep 19 17:58:03 2020):

Hello world
```

5.8　日　期　时　间

Linux 的日期时间命令主要有 cal、date、hwclock。

5.8.1　cal: 显示日历

cal(calendar)用于显示当前日历,或者指定日期的日历。其语法格式为

```
cal[选项][月|年]
```

cal 命令的常用选项及其含义见表 5.31。

表 5.31　cal 命令的常用选项及其含义

选项	含　　义
-l	显示当前月的日历(默认)
-3	显示前一个月、当前月和下一个月的日历
-y	显示当前年的日历
-m	将星期一作为每周的第一天
-s	将星期日作为每周的第一天
-j	显示每一天是一年中的第几天
-1	显示当前月的日历(默认)

【例 5.47】 显示当月的日历。

```
[root@localhost ~ ]#cal
    September 2020
Su Mo Tu We Th Fr Sa
       1  2  3  4  5
 6  7  8  9 10 11 12
```

```
13 14 15 16 17 18 19
20 21 22 23 24 25 26
27 28 29 30
        //当前日期以反色显示
```

【例5.48】 显示2001年9月的日历。

```
[root@localhost ~ ]#cal 9 2001
    September 2001
Su Mo Tu We Th Fr Sa
                    1
 2  3  4  5  6  7  8
 9 10 11 12 13 14 15
16 17 18 19 20 21 22
23 24 25 26 27 28 29
30
```

【例5.49】 以星期一作为每周的第一天,每一天是一年中的第几天的方式显示2001年9月的日历。

```
[root@localhost ~ ]#cal -m -j 9 2001
        September 2001
Mon Tue Wed Thu Fri Sat Sun
                244 245
246 247 248 249 250 251 252
253 254 255 256 257 258 259
260 261 262 263 264 265 266
267 268 269 270 271 272 273
```

5.8.2   date: 显示或设置系统日期与时间

date用于显示或设置系统日期与时间。只有管理员才有设置日期与时间的权限。若不加任何选项,date会显示当前的日期与时间。date的语法格式为

```
date [选项] [+ '显示日期和时间格式']
```

date命令的常用选项及其含义见表5.32。

表5.32　date命令的常用选项及其含义

选　　项	含　　　　　义
-d <字符串>	显示字符串所指定的日期时间,而非当前的日期时间
-s <字符串>	设置字符串所指定的日期时间
-u	显示GMT

显示日期和时间格式见表5.33。

表5.33　显示日期和时间格式

选　项	含　义
%H 或 %K	时钟(24 小时制,00～23)
%I 或 %l	时钟(12 小时制,01～12)
%P	AM 或 PM
%M	分钟(00～59)
%S	秒钟(00～59)
%r	时间(12 小时制,hh:mm:ss AM/PM)
%T	时间(24 小时制,hh:mm:ss)
%X	时间的格式(%H:%M:%S)
%Z	时区
%s	总秒数起算时间为 1970-01-01 00:00:00 UTC
%a	星期(英文缩写,Sun～Sat)
%A	星期(英文完整名称,Sunday～Saturday)
%y	年份(两位数,00～99)
%Y	年份(四位数)
%m	月份(01～12)
%b	月份(英文缩写,Jan～Dec)
%B	月份(英文完整名称,January～December)
%D	日期(MM/DD/YY)
%x	日期(YYYY 年 MM 月 DD 日)
%c	日期与时间(只输入 date 也会显示同样的结果)
%w	一周的第几天,0 代表周日,1 代表周一,以此类推(0～6)
%d	一个月的第几天(01～31)
%j	一年中的第几天(001～366)
%U	一年中的第几周(01～53)
%n	在显示时,插入新的一行
%t	在显示时,插入 tab
MM	月份(必要)
DD	日期(必要)
hh	小时(必要)
mm	分钟(必要)
CC	年份的前两位数(选择性)
YY	年份的后两位数(选择性)
ss	秒(选择性)

【例 5.50】　显示系统的当前日期和时间。

```
[root@localhost ~ ]#date
Sat Sep 19 18:00:32 CST 2020
```

【例 5.51】　以"YYYY-MM-DD HH:MM:SS"格式显示系统的日期和时间。

```
[root@localhost ~ ]#date + '% Y-% m-% d % H:% M:% S'
2020-09-19 18:00:38
```

【例 5.52】　设置系统的日期和时间为 2020 年 9 月 1 日 9 时 0 分。

```
[root@localhost ~ ]#date 0901090020
Tue Sep 1 09:00:00 CST 2020
```

5.8.3 hwclock: 显示或设置硬件时钟

hwclock(hardware clock)用于显示或设置硬件时钟。硬件时钟(real time clock,RTC,又称为实时时钟)是存储在主板上CMOS里的时钟,关机后该时钟依然运行,主板的电池为它供电。系统时钟是软件系统的时钟,操作系统启动时会读取硬件时钟,之后则独立运行。hwclock的语法格式为

```
hwclock[选项]
```

hwclock命令的常用选项及其含义见表5.34。

表5.34 hwclock命令的常用选项及其含义

选 项	含 义
-r	显示硬件时钟
-u	设置硬件时钟为 UTC(universal time coordinated,协调世界时)
-s	将系统时钟设置成与硬件时钟一致,此操作会更新系统全部文件的存取时间
-w	将硬件时钟设置成与系统时钟一致
-c	定期比较硬件时钟与系统时钟
--test	仅测试,不改变硬件时钟或系统时钟

【例5.53】 显示硬件时钟。

```
[root@localhost ~ ]#hwclock
Sun 20 Sep 2020 02:01:36 AM CST -0.196693 seconds
```

【例5.54】 将硬件时钟设置成与系统时钟一致。

```
[root@localhost ~ ]#date
Tue Sep 1 09:00:38 CST 2020
[root@localhost ~ ]#hwclock  w
[root@localhost ~ ]#hwclock
Tue 01 Sep 2020 09:00:49 AM CST -0.756862 seconds
```

5.9 项目实践1 文本显示和处理

项目说明

本项目重点学习文本显示和处理命令。通过本项目的学习,将会获得以下两方面的学习成果。

(1) 文本显示命令,包括 cat、tac、more、less、head、tail、cut。

（2）文本处理命令，包括 sort、uniq、comm、cmp、diff、wc。

任务 1　文本显示

任务要求

（1）掌握命令 cat：显示文本文件。
（2）掌握命令 more：分页显示文本文件。
（3）掌握命令 head：显示指定文件前若干行。
（4）掌握命令 tail：查看文件末尾数据。
（5）掌握命令 cut：从文件每行中显示出选定的字节、字符或字段。

任务步骤

步骤 1：显示文本文件。
命令 cat 可以显示文本文件的内容，或把几个文件内容附加到另一个文件中。
（1）使用 vi 创建两个名为"学号＋file1/2"的文件，并输入相应的内容。

```
[root@localhost ~ ]#vi 1234567890file1
1234567890file1
a
b
c
[root@localhost ~ ]#vi 1234567890file2
1234567890file2
a
b
c
[root@localhost ~ ]#cat 1234567890file1
[root@localhost ~ ]#cat 1234567890file2
```

（2）使用命令 cat 将新建的两个文件的内容加上行号之后附加到名为"学号＋file3"的文件中。

```
[root@localhost ~ ]#cat -n 1234567890file1 1234567890file2 >> 1234567890file3
[root@localhost ~ ]#cat 1234567890file3
```

步骤 2：分页显示文本文件。
命令 more 可以分页显示文本文件的内容。
每次显示 5 行，从第 11 行开始分页显示文件/etc/passwd 的内容。

```
[root@localhost ~ ]#more -5 + 11 /etc/passwd
```

步骤 3：显示指定文件的前若干行。
命令 head 可以显示指定文件的前若干行的文件内容。
显示步骤 2 所创建的文件 3 的前 5 行的内容，并显示文件名。

```
[root@localhost ~ ]#head -5 -v 1234567890file3
```

步骤 4：查看文件末尾数据。

命令 tail 可以查看文件的末尾数据。

从距文件末尾第 5 行处开始显示步骤 2 所创建的文件 3 的内容。

```
[root@localhost ~ ]#tail -5 1234567890file3
```

步骤 5：从文件每行中显示出选定的字节、字符或字段。

命令 cut 可以从文件的每行中显示出选定的字节、字符或字段。

显示文件/etc/passwd 中的用户登录名和用户名全称字段，这是第 1 个和第 5 个字段，由冒号隔开，并且只显示前 5 行。

```
[root@localhost ~ ]#cut -f 1,5 -d: /etc/passwd | head -5
```

任务2　文本处理

任务要求

(1) 掌握命令 sort：对文件中的数据进行排序。

(2) 掌握命令 uniq：将重复行从输出文件中删除。

(3) 掌握命令 comm：比较两个已排过序的文件。

(4) 掌握命令 diff：逐行比较两个文本文件，列出其不同之处。

任务步骤

步骤 1：对文件中的数据进行排序。

命令 sort 可以对文件中的数据进行排序，并将结果显示在标准输出上。

(1) 使用 vi 创建名为"学号＋file4"的文件，并分行输入以下内容。

```
[root@localhost ~ ]#vi 1234567890file4
① 学号
② 姓名拼音大写
③ 姓名拼音小写
[root@localhost ~ ]#cat 1234567890file4
```

(2) 对文件 4 排序并显示在屏幕上。

```
[root@localhost ~ ]#sort 1234567890file4
```

(3) 对文件 4 逆序排序并显示在屏幕上。

```
[root@localhost ~ ]#sort -r 1234567890file4
```

步骤 2：将重复行从输出文件中删除。

命令 uniq 可以将文件内的重复行数据从输出文件中删除,只留下每条记录的唯一样本。

(1)使用 vi 创建名为"学号+file5"的文件,并分行输入以下内容。

```
[root@localhost ~ ]#vi 1234567890file5
111
222
222
333
333
333
[root@localhost ~ ]#cat 1234567890file5
```

(2)显示文件 5 每行在文件中出现的次数。

```
[root@localhost ~ ]#uniq -c 1234567890file5
```

(3)显示文件 5 有重复的行。

```
[root@localhost ~ ]#uniq -c 1234567890file5
```

(4)显示文件 5 不重复的行。

```
[root@localhost ~ ]#uniq -u 1234567890file5
```

步骤 3:比较两个已排过序的文件。

命令 comm 可以比较两个已排过序的文件,并将结果显示出来。

(1)比较任务 1 步骤 1 所创建的文件 1 和文件 2 的内容。

```
[root@localhost ~ ]#comm 1234567890file1 1234567890file2
```

(2)比较任务 1 步骤 1 所创建的文件 1 和文件 2 的内容,不显示只在第 1 个文件中出现的内容。

```
[root@localhost ~ ]#comm -1 1234567890file1 1234567890file2
```

(3)比较任务 1 步骤 1 所创建的文件 1 和文件 2 的内容,不显示只在第 2 个文件中出现的内容。

```
[root@localhost ~ ]#comm -2 1234567890file1 1234567890file2
```

(4)比较任务 1 步骤 1 所创建的文件 1 和文件 2 的内容,不显示在第 1 个文件和第 2 个文件中都出现的内容。

```
[root@localhost ~ ]#comm -3 1234567890file1 1234567890file2
```

(5)比较任务 1 步骤 1 所创建的文件 1 和文件 2 的内容,不显示只在第 1 个文件或第 2 个文件中出现的内容。

```
[root@localhost ~ ]#comm -12 1234567890file1 1234567890file2
```

步骤 4：逐行比较两个文本文件，列出不同之处。

命令 diff 可以逐行比较两个文本文件，列出不同之处。相比命令 comm，diff 完成更复杂的检查。diff 对给出的文件进行系统的检查，并显示出两个文件中所有不同的行，不要求事先对文件进行排序。

比较任务 1 步骤 1 所创建的文件 1 和文件 2 的内容。

```
[root@localhost ~ ]#diff -c 1234567890file1 1234567890file2
```

5.10　项目实践 2　文件和命令查找

项目说明

本项目重点学习文件和命令查找命令。通过本项目的学习，将会获得以下两方面的学习成果。

(1) 文件查找命令，包括 find、locate、grep。

(2) 命令查找命令，包括 whatis、whereis、which。

任务 1　文件查找

任务要求

(1) 掌握命令 find：列出文件系统中符合条件的文件或目录。

(2) 掌握命令 locate：在数据库中查找文件。

(3) 掌握命令 grep：查找文件中符合条件的字符串。

任务步骤

步骤 1：列出文件系统中符合条件的文件或目录。

命令 find 可以将文件系统中符合条件的文件或目录列出来，可以指定文件的名称、类别、时间、大小以及权限等不同信息的组合，只有完全相符的文件才会被列出来。

(1) 查找目录“/”下所有名为 passwd 的文件。

```
[root@localhost ~ ]#find / -name passwd
```

(2) 查找目录/etc 下所有以 a 为文件名第 1 个字符的 conf 文件，并只显示前 5 项结果。

```
[root@localhost ~ ]#find /etc -name 'a* .conf' | head -5
```

(3) 查找目录“/”下所有以 0 为文件名第 1 个字符的在过去 1 天内修改过的文件，并只显示前 5 项结果。

```
[root@localhost ~ ]#find / -name '0* ' -ctime -1 | head -5
```

步骤 2：在数据库中查找文件。

命令 locate 可以用于查找文件，比命令 find 的搜索速度快，它需要一个数据库，这个数据库由每天的例行工作程序来建立。当建立好这个数据库后，就可以方便地搜寻所需文件了。

查找所有文件名为 passwd 的前 5 个文件。

```
[root@localhost ~ ]#updatedb
[root@localhost ~ ]#locate -n 5 passwd
```

步骤 3：查找文件中符合条件的字符串。

命令 grep 可以查找文件中符合条件的字符串。

（1）使用 vi 创建两个名为"学号姓名拼音＋file1/2"的文件，并输入相应的内容。

```
[root@localhost ~ ]#vi 1234567890namefile1
1234567890namefile1
111
aaa
AAA
bbb
BBB
ccc
CCC
[root@localhost ~ ]#vi 1234567890namefile2
1234567890namefile2
222
aaa
AAA
bbb
BBB
ccc
CCC
```

（2）查找新创建的文件 1 和文件 2 中包含 111 的行数据内容。

```
[root@localhost ~ ]#grep '111' 1*
```

（3）查找新创建的文件 1 和文件 2 中包含 222 的行数据内容。

```
[root@localhost ~ ]#grep '222' 1*
```

（4）查找新创建的文件 1 和文件 2 中包含 1234567890 的行数据内容。

```
[root@localhost ~ ]#grep '1234567890' 1*
```

（5）查找新创建的文件 1 和文件 2 中严格匹配 1234567890 的行数据内容。

```
[root@localhost ~ ]#grep -x '1234567890' 1*
```

（6）查找新创建的文件 1 和文件 2 中包含 aaa 的行数据内容，在输出前加上所在行的行号。

```
[root@localhost ~ ]#grep -n 'aaa' 1*
```

（7）不区分大小写，查找新创建的文件 1 和文件 2 中包含 aaa 的行数据内容，在输出前加上所在行的行号。

```
[root@localhost ~ ]#grep -i -n 'aaa' 1*
```

任务 2 命令查找

任务要求

（1）掌握命令 whatis：查询命令功能。
（2）掌握命令 whereis：查找命令的相关文件的位置。
（3）掌握命令 which：显示命令的路径和它的别名。

任务步骤

步骤 1：查询命令功能。
命令 whatis 可以查询指定命令的功能，相当于 man -f，需要 whatis 数据库支持。
查询命令 cat 的功能如下：

```
[root@localhost ~ ]#mandb
[root@localhost ~ ]#whatis cat
```

步骤 2：查找命令的相关文件的位置。
命令 whereis 可以查找命令的相关文件的位置。
（1）查找命令 cat 的相关文件的位置。

```
[root@localhost ~ ]#whereis cat
```

（2）查找命令 cat 的二进制文件的位置。

```
[root@localhost ~ ]#whereis -b cat
```

（3）查找命令 cat 的手册文件的位置。

```
[root@localhost ~ ]#whereis -m cat
```

步骤 3：显示命令的路径和它的别名。
命令 which 可以显示命令的路径和它的别名（如果有别名）。
（1）显示命令 cat 的路径和它的别名。

```
[root@localhost ~ ]#which cat
```

（2）显示命令 ls 的路径和它的别名。

```
[root@localhost ~ ]#which ls
```

（3）显示命令 type 的路径和它的别名。

```
[root@localhost ~ ]#which type
```

5.11 项目实践 3 信息显示、交流和日期时间

项目说明

本项目重点学习系统信息显示、用户登录信息显示、信息交流和日期时间。通过本项目的学习，将会获得以下 4 方面的学习成果。
（1）系统信息显示命令，包括：uname、uptime。
（2）用户登录信息显示命令，包括：last、lastlog、whoami、who、w。
（3）信息交流命令，包括：echo、write、mesg、wall。
（4）日期时间命令，包括：cal、date。

任务 1 系统信息显示

任务要求

（1）掌握命令 uname：显示计算机及操作系统的相关信息。
（2）掌握命令 uptime：显示系统已经运行的时间。

任务步骤

步骤 1：显示计算机及操作系统的相关信息。
命令 uname 可以显示计算机以及操作系统的相关信息。
（1）显示操作系统名称。

```
[root@localhost ~ ]#uname
```

（2）显示全部信息。

```
[root@localhost ~ ]#uname -a
```

步骤 2：显示系统已经运行的时间。
命令 uptime 可以显示系统已经运行了多长时间，它依次显示下列信息：现在时间、系统已经运行了多长时间、目前有多少登录用户以及系统在过去的 1min、5min 和 15min 内的平均负载。

```
[root@localhost ~ ]#uptime
```

任务2　用户登录信息显示

任务要求

（1）掌握命令 last：显示近期的用户登录情况。
（2）掌握命令 whoami：显示当前用户的用户名。
（3）掌握命令 who：显示当前用户的简单信息。
（4）掌握命令 w：显示当前用户的详细信息。

任务步骤

步骤1：显示近期的用户登录情况。
命令 last 可以显示近期的用户登录情况。
（1）显示近期的用户登录情况。

```
[root@localhost ~ ]#last
```

（2）显示用户 root 在控制台终端的所有登录和注销记录。

```
[root@localhost ~ ]#last root console
```

步骤2：显示当前用户的用户名、简单信息和详细信息。
命令 whoami 显示当前用户的用户名。
命令 who 显示当前在线用户的简单信息。
命令 w 显示当前在线用户的详细信息，第一行显示目前时间、开机时间长度、登录用户的平均负载。
（1）显示当前用户的用户名。

```
[root@localhost ~ ]#whoami
```

（2）显示当前在线用户的简单信息。

```
[root@localhost ~ ]#who
```

（3）显示当前在线用户的详细信息。

```
[root@localhost ~ ]#w
```

任务3　信息交流

任务要求

（1）掌握命令 echo：在屏幕上显示文本。
（2）掌握命令 write：向用户发送消息。
（3）掌握命令 mesg：设置其他用户发送信息的权限。

（4）掌握命令 wall：对全部已登录的用户发送信息。

任务步骤

步骤 1：在屏幕上显示文本。

（1）命令 echo 可以在屏幕上显示文本，一般起到一个提示的作用。

以用户 test 身份登录到图形界面，使用命令 echo 添加"Hello，I am test."到名为"学号姓名拼音＋file1"的文件中。

```
[test@localhost ~ ]$echo 'Hello, I am test.' > 1234567890namefile1
```

（2）以用户 root 身份登录到虚拟控制台，使用命令 echo 添加"The system will be shutdown in 5 minutes."到名为"学号姓名拼音＋file2"的文件中。

```
[ root @ localhost ~ ] # echo ' The system will be shutdown in 5 minutes. ' > 1234567890namefile2
```

步骤 2：向用户发送消息。

命令 write 可以向用户发送消息。

命令 mesg 可以设置是否允许其他用户用 write 命令给自己发送信息。

（1）用户 test 向用户 root 发送信息，信息内容为文件 1。

```
[test@localhost ~ ]$write root < 1234567890namefile1
```

（2）设置不允许其他用户用 write 命令给用户 root 发送信息。

```
[root@localhost ~ ]$mesg n
```

（3）用户 test 再次向用户 root 发送信息，信息内容为文件 1。

```
[test@localhost ~ ]$write root < 1234567890namefile1
```

步骤 3：对全部已登录的用户发送信息。

命令 wall 可以对全部已登录的用户发送信息。

用户 root 对全部已登录用户发送信息，信息内容为文件 2。

```
[root@localhost ~ ]#wall < 1234567890namefile2
```

任务 4　日期时间

任务要求

（1）掌握命令 cal：显示日历信息。

（2）掌握命令 date：显示和设置系统的日期和时间。

任务步骤

步骤 1：显示日历信息。

命令 cal 可以显示计算机系统的日历。

以星期一为每周的第一天的方式显示 2001 年 7 月的日历。

```
[root@localhost ~ ]#cal -m 7 2001
```

步骤 2：显示和设置系统的日期和时间。

命令 date 可以显示和设置系统的日期和时间。

（1）显示系统的日期和时间。

```
[root@localhost ~ ]#date
```

（2）设置系统的日期和时间为明年 9 月 1 日 8 时 0 分。

```
[root@localhost ~ ]#date 0901080020
```

（3）以"YYYY-MM-DD HH:MM:SS"格式显示系统的日期和时间。

```
[root@localhost ~ ]#date + '% Y-% m-% d % H:% M:% S'
```

5.12　本章小结

Linux 的文本显示命令主要有 cat、tac、more、less、head、tail、cut。

Linux 的文本处理命令主要有 sort、uniq、comm、cmp、diff、wc。

Linux 的文件查找命令主要有 find、locate、grep。

Linux 的命令查找命令主要有 whatis、whereis、which。

Linux 的系统信息显示命令主要有 uname、uptime。

Linux 的用户登录信息显示命令主要有 last、lastlog、whoami、who、w。

Linux 的信息交流命令主要有 echo、write、mesg、wall。

Linux 的日期时间命令主要有 cal、date、hwclock。

第 6 章

Shell 脚本

本章主要学习 Shell 脚本,包括基础、变量、测试表达式、流程控制语句、调试。

本章的学习目标如下。

(1) 基础:掌握 Shell 脚本的结构、创建和运行、函数。

(2) 变量:应用 Shell 脚本的环境变量、预定义变量、自定义变量;理解变量值的删除和取代、参数置换变量。

(3) 测试表达式:理解 Shell 脚本的测试表达式:字符串判断和比较、整数比较、文件类型判断、文件权限检测、文件比较、逻辑测试。

(4) 流程控制语句:掌握 Shell 脚本的选择结构、循环结构。

(5) 调试:掌握 Shell 脚本的调试。

6.1 基　　础

Shell 可以互动式地解释和执行用户输入的命令,还提供了变量、参数、表达式和流程控制语句用于编写脚本。

Shell 脚本(Shell script)类似于 DOS/Windows 的批处理文件/命令脚本,可将多个命令汇聚起来批量执行,但功能更强,可以进行类似程序的编写。Shell 脚本又叫作 Shell 程序或 Shell 命令文件。可以用任何文本编辑器来编写 Shell 脚本。因为 Shell 脚本是解释执行的,所以不需要编译成目标程序。

因为 Shell 脚本的数据处理速度慢,占用 CPU 资源多,所以适用于系统管理、批量运行命令和工具,而不是处理大量数值运算。

6.1.1　结构

Shell 脚本的结构由开头部分、注释部分以及语句执行部分组成。

1. 开头

Shell 脚本必须以下面的行开始(必须放在文件的第一行)。

```
#! /bin/bash
```

符号"#!"用来告诉 Shell 后面的参数是用来运行该脚本的程序,上面这行代码使用/bin/bash 来运行脚本。

2. 注释

在编写 Shell 脚本时,以"#"开头的语句表示注释,直到这一行的结束。建议在脚本的适当位置使用注释。

3. 语句执行

用于执行语句的程序。

6.1.2 创建和运行

1. 创建 Shell 脚本

使用文本编辑器(如 vi)创建 Shell 脚本。

【例 6.1】 创建一个简单的 Shell 脚本 hello_world. sh,在屏幕上显示 Hello World。

```
[root@localhost ~ ]#vi hello_world.sh
#! /bin/bash
#Program shows "Hello World" in screen
PATH= /bin:/sbin:/usr/bin:/usr/sbin:/usr/local/bin:/usr/local/sbin:~ /bin:/root
#变量定义和赋值
export PATH
#设置环境变量
echo -e "Hello World.\a\n"
#-e 使 echo 支持内容中的格式符 \a 等,\a 计算机蜂鸣器响一声,\n 换行
exit 0
```

用命令 file 测试文件 hello_world. sh 的类型,结果如下。

```
[root@localhost ~ ]#file hello_world.sh
hello_world.sh: Bourne-Again shell script, UTF-8 Unicode text executable.
// 测试结果为:Bourne-Again shell script, UTF-8 Unicode text executable
```

2. 运行 Shell 脚本

运行 Shell 脚本有三种方法,如图 6.1 所示。

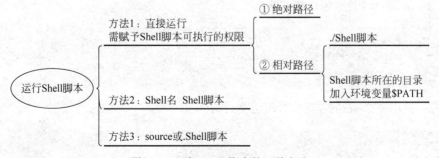

图 6.1 运行 Shell 脚本的三种方法

方法 1:直接运行,需赋予该文件可执行的权限,使用如下命令。

```
chmod u+ x [Shell 脚本]
[root@localhost ~ ]#chmod u+ x hello_world.sh
```

（1）绝对路径

```
[root@localhost ~ ]#/root/hello_world.sh
Hello World.
```

（2）相对路径

因为 Shell 只在环境变量 $PATH 中查找可执行命令，而不在当前路径找，所以必须在 Shell 脚本前加上"./"，例如：

```
./Shell 脚本
```

或者把 Shell 脚本所在的目录加入环境变量 $PATH 中，例如：

```
PATH= "$ PATH:/root"
[root@localhost ~ ]#hello_world.sh
bash: hello_world.sh: command not found...
// 输入 Shell 脚本运行,提示找不到命令
[root@localhost ~ ]#./hello_world.sh
Hello World.

// 在 Shell 脚本前加上"./"可以运行
[root@localhost ~ ]#echo $ PATH
/usr/local/bin:/usr/local/sbin:/usr/bin:/usr/sbin:/bin:/sbin:/root/bin
// 显示环境变量 PATH
[root@localhost ~ ]#PATH= "$ PATH:/root"
// 把 Shell 脚本所在的目录加入环境变量$ PATH 中
[root@localhost ~ ]#echo $ PATH
/usr/local/bin:/usr/local/sbin:/usr/bin:/usr/sbin:/bin:/sbin:/root/bin:/root
// 显示环境变量 PATH.已经加入 Shell 脚本所在的目录
[root@localhost ~ ]#hello_world.sh
Hello World.

// Shell 脚本可以运行
```

方法 2：用 Shell 运行，语法格式为

```
Shell 名 Shell 脚本
[root@localhost ~ ]#bash hello_world.sh
Hello World.
```

方法 3：使用命令 source 或"."，语法格式为

```
source Shell 脚本
. Shell 脚本
[root@localhost ~ ]#source hello_world.sh
[root@localhost ~ ]#. hello_world.sh
```

说明：

（1）方法 1 和方法 2 都是新建 Shell 子进程运行脚本，其变量在脚本运行结束后失效，再

运行命令 echo ＄PATH,结果为 Shell 父进程设置的值。脚本中的语句 exit 0 结束的是新建的 Shell 子进程。

（2）方法 3 相当于从脚本中读取命令逐条执行,仍在同一个 Shell 进程,脚本运行结束后再运行命令 echo ＄PATH,结果为脚本中设置的值。脚本中的语句 exit 0 结束的是当前的 Shell 进程,所以没有看到脚本运行后的结果。

```
[root@localhost ~ ]#echo $ PATH
/usr/local/bin:/usr/local/sbin:/usr/bin:/usr/sbin:/bin:/sbin:/root/bin
[root@localhost ~ ]#bash hello_world.sh
Hello World.
[root@localhost ~ ]#echo $ PATH
/usr/local/bin:/usr/local/sbin:/usr/bin:/usr/sbin:/bin:/sbin:/root/bin
// Shell 脚本运行后,再执行 echo $ PATH,结果还是为父 Shell 的设置
[root@localhost ~ ]#source hello_world.sh
Hello world.
[root@localhost ~ ]#echo $ PATH
/bin:/sbin:/usr/bin:/usr/sbin:/usr/local/bin:/usr/local/sbin:/root/bin:/root
// Shell 脚本运行后,再执行 echo $ PATH,结果为 Shell 脚本中设置的值
```

6.1.3 函数

Shell 脚本函数的定义格式如下：

```
函数名() {
    函数体
}
```

【例 6.2】 使用函数编写 Shell 脚本 function. sh,实现调用函数多次运行特定的功能。

```
[root@localhost ~ ]#vi function.sh
#! /bin/bash
#Shell script function
first() {
        echo "========================================= "
        echo "Hello! Everyone! Welcome to the Linux World."
        echo "========================================= "
}
#定义函数 first()

second() {
        echo "***************************************** "
}
first
#调用函数 first()
second
first
```

Shell 脚本运行结果如下：

```
[root@localhost ~ ]#bash function.sh
===========================================
Hello! Everyone! Welcome to the Linux World.
===========================================
*******************************************
===========================================
Hello! Everyone! Welcome to the Linux World.
===========================================
```

6.2 变　　量

Shell 所有变量的类型都是字符，Shell 脚本采用 $ var 或 ${var} 的形式来引用名为 var 的变量的值。

6.2.1 环境变量

Shell 在开始运行时就已经定义了一些与系统工作环境有关的变量。这些变量称为环境变量。用户可以修改环境变量的值。常用的环境变量见表 6.1。

表 6.1　常用的环境变量

变量名	作　　用
HOME	用户主目录的绝对路径
PATH	可执行文件的绝对路径，多个路径用冒号分隔，Shell 依次查找这些路径，第一个与命令名一致的可执行文件将被执行
TERM	终端类型
UID	当前用户的用户识别号
PWD	当前目录的绝对路径
PS1	命令提示符，默认设置是 root 用户以"#"作为结束，普通用户以"$"作为结束
PS2	辅助提示符，默认是">"，用于当用户在命令行末输入"\"后按 Enter 建或直接按 Enter 键而 Shell 判断输入并未完成时显示，提示用户继续输入剩余的部分

环境变量 PS1 的取值及含义见表 6.2。

表 6.2　环境变量 PS1 的取值及含义

取值	含　　义	取值	含　　义
\u	当前用户的用户名	\H	域名
\d	日期	\w	完整工作目录
\t	时间	\W	最后一个工作目录
\h	主机名	\ $	提示符结束标志"#"和"$"

【例 6.3】　查看 Shell 定义的环境变量的值。

```
[root@localhost ~ ]#echo $ HOME
/root
```

```
[root@localhost ~ ]#echo $ PATH
/usr/local/bin:/usr/local/sbin:/usr/bin:/usr/sbin:/bin:/sbin:/root/bin
[root@localhost ~ ]#echo $ TERM
xterm- 256color
[root@localhost ~ ]#echo $ UID
0
[root@localhost ~ ]#echo $ PWD
/root
[root@localhost ~ ]#echo $ PS1
[\u@\h \W]\$
[root@localhost ~ ]#echo $ PS2
>
```

6.2.2 预定义变量

预定义变量和环境变量相类似,也是在 Shell 开始运行时就定义了的变量。不同的是,用户只能根据 Shell 的定义来使用预定义变量而不能直接修改预定义变量的值。所有预定义变量都是由符号"$"和另一个符号组成的,见表 6.3。

表 6.3　常用的 Shell 预定义变量

变　量	含　　义	变　量	含　　义
$ #	位置参数的数量	$!	后台运行的最后一个进程号
$ * /@	所有位置参数的值	$ 0	当前运行的进程名
$?	命令执行后返回的状态	$ 1/2/…	位置参数 1、2……
$ $	当前进程的进程号		

位置参数是在命令名之后输入的参数,是在运行 Shell 脚本的命令行中按照各自的位置决定的变量,是特殊的预定义变量。位置参数之间用空格分隔,Shell 取第一个位置参数替换脚本文件中的 $1,第二个替换 $2,依次类推。$0 是一个特殊的变量,它的值是当前 Shell 脚本的文件名。所以,$0 不是一个位置参数,在显示当前所有的位置参数时是不包括 $0 的。

【例 6.4】　使用预定义变量编写 Shell 脚本 predefine_variable. sh,实现运行后显示 Shell 脚本名、参数个数和具体的参数等。

```
[root@localhost ~ ]#vi predefine_variable.sh
#! /bin/bash
#Program shows the script name and parameters
test "$ # " - lt 2 && echo "The number of parameter is less than 2. Will stop here." &&
exit 1
#如果参数少于 2 个,则 Shell 脚本运行到此结束
echo "The script name is          = >$ 0"
echo "Total number is             = >$ # "
echo "Your whole parameter is     = >$ @"
echo "The 1st parameter is        = >$ 1"
echo "The 2nd parameter is        = >$ 2"
echo "The 3rd parameter is        = >$ 3"
exit 0
```

Shell 脚本运行结果如下：

```
[root@localhost ~ ]#bash predefine_variable.sh
The number of parameter is less than 2. Will stop here.
// 参数少于 2 个,运行到此结束
[root@localhost ~ ]#bash predefine_variable.sh 1 2 3 4
The script name is           = > predefine_variable.sh
Total number is              = > 4
Your whole parameter is      = >1 2 3 4
The 1st parameter is         = >1
The 2nd parameter is         = >2
The 3rd parameter is         = >3
// 参数不少于 2 个,正常运行到结束
```

6.2.3 自定义变量

用户定义的变量又称为自定义变量。定义自定义变量的方法如下：

变量名= 变量值

取消自定义变量的方法如下：

unset 变量名

【例 6.5】 定义和取消自定义变量。

```
[root@localhost ~ ]#var= 123
[root@localhost ~ ]#echo $ var
123
[root@localhost ~ ]#unset var
[root@localhost ~ ]#echo $ var
// 取消自定义变量后,echo 变量 var 值,结果为空
```

1. 变量名的规则

变量名不能以数字开始,区分大小写英文字母。一般情况下,环境变量名使用大写英文字母,自定义变量名使用小写英文字母。

定义变量时,不能在变量名前加符号"$"。

引用变量值时,必须在变量名前加符号"$"。

2. 变量的赋值

(1) 变量赋值时,等号两边不能有空格;若变量值本身就包含了空格,则整个字符串都要用引号围起来。

变量值若用单引号,不能保留特殊字符的作用,原样输出。

变量值若用双引号,能够保留特殊字符的作用,转换后输出。

【例 6.6】 变量赋值时单双引号的作用。

```
[root@localhost ~ ]#var= 'Language is $ LANG'
[root@localhost ~ ]#echo $ var
Language is $ LANG
// 变量赋值时使用单引号,不能保留特殊字符的作用,原样输出
[root@localhost ~ ]#var= "Language is $ LANG"
[root@localhost ~ ]#echo $ var
Language is en_US.UTF-8
// 变量赋值时使用双引号,能够保留特殊字符的作用,转换后输出
```

（2）变量赋值时,可以使用转义字符"\"将特殊字符(回车、空格、!、$ 、\等)转换成一般字符。

【例 6.7】 变量赋值时使用转义字符"\"将特殊字符转换成一般字符。

```
[root@localhost ~ ]#var= $ HOME
[root@localhost ~ ]#echo $ var
/root
// 变量赋值时未使用转义字符"\"将特殊字符转换成一般字符,特殊字符起作用
[root@localhost ~ ]#var= \$ HOME
[root@localhost ~ ]#echo $ var
$ HOME
// 变量赋值时使用转义字符"\"将特殊字符转换成一般字符,特殊字符不起作用
```

（3）变量赋值时,可以使用命令替换。

【例 6.8】 变量赋值时使用命令替换。

```
[root@localhost ~ ]#var= $ (uname -r)
[root@localhost ~ ]#echo $ var
3.10.0-1127.el7.x86_64
```

（4）变量赋值时,可以为变量累加新内容。

【例 6.9】 变量赋值时,变量值累加新内容。

```
[root@localhost ~ ]#var= aa
[root@localhost ~ ]#echo $ var
aa
[root@localhost ~ ]#var= $ var:bb
[root@localhost ~ ]#echo $ var
aa:bb
```

3. 变量的只读性

定义一个变量并对它赋值后,如果将该变量设置为只读,就不能对其重新赋值。方法如下:

```
readonly 变量名
```

【例 6.10】 设置变量为只读。

```
[root@localhost ~ ]#var= abc
[root@localhost ~ ]#echo $ var
abc
[root@localhost ~ ]#readonly var
[root@localhost ~ ]#var= cba
bash: var: readonly variable
// 提示 var 为只读变量
[root@localhost ~ ]#echo $ var
abc
// 变量 var 的值还是第一次赋值时的值
```

4. 变量的作用域

自定义变量只是当前 Shell 的局部变量，所以不能被 Shell 运行的其他命令或其他 Shell 脚本所使用。命令 export 可以将一个局部变量提供给 Shell 的命令使用：

```
export 变量名
```

也可以在定义变量的同时使用 export 命令。

```
export 变量名= 变量值
```

使用 export 声明的变量在 Shell 以后运行的所有命令都可以使用。

5. 变量的继承

子进程不继承父进程的自定义变量，只继承父进程的环境变量。
子进程设置的环境变量，在子进程结束后自动取消。

6.2.4 变量值的删除和取代

变量值的删除和取代指的是删除和取代变量值的输出，变量值本身不受影响。
将环境变量 PATH 的值赋予自定义变量 path。

```
[root@localhost ~ ]#path= $ PATH
[root@localhost ~ ]#echo $ path
/usr/local/bin:/usr/local/sbin:/usr/bin:/usr/sbin:/bin:/sbin:/root/bin
```

1. 变量值的删除

【例 6.11】 删除变量 path 的值的前两个目录。

```
[root@localhost ~ ]#echo $ {path# /* local/sbin:}
/usr/bin:/usr/sbin:/bin:/sbin:/root/bin
```

变量 path 的值被删除的内容如下：

~~/usr/local/bin:/usr/local/sbin:~~/usr/bin:/usr/sbin:/bin:/sbin:/root/bin

【例 6.12】 删除变量 path 的值的前面所有目录,仅保留最后一个目录。

```
[root@localhost ~ ]#echo $ {path# # /* :}
/root/bin
```

变量 path 的值被删除的内容如下:

```
/usr/local/bin:/usr/local/sbin:/usr/bin:/usr/sbin:/bin:/sbin:/root/bin
```

根据例 6.11 和例 6.12,可以得出:

(1) #代表从变量值的最前面开始向后删除,且仅删除最短的那个。

(2) # #代表从变量值的最前面开始向后删除,且仅删除最长的那个。

(3) * 是通配符,代表 0 到任意多个字符。

变量 path 的值的每个目录都是以冒号":"分隔的,所以要从头删除的目录就是介于"/"到":"之间的数据。

【例 6.13】 删除变量 path 的值的最后一个目录。

```
[root@localhost ~ ]#echo $ {path% :* bin}
/usr/local/bin:/usr/local/sbin:/usr/bin:/usr/sbin:/bin:/sbin
```

变量 path 的值被删除的内容如下:

```
/usr/local/bin:/usr/local/sbin:/usr/bin:/usr/sbin:/bin:/sbin:/root/bin
```

【例 6.14】 删除变量 path 的值的后面所有目录,仅保留第一个目录。

```
[root@localhost ~ ]#echo $ {path% % :* bin}
/usr/local/bin
```

变量 path 的值被删除的内容如下:

```
/usr/local/bin:/usr/local/sbin:/usr/bin:/usr/sbin:/bin:/sbin:/root/bin
```

根据例 6.13 和例 6.14,可以得出:

(1) %代表从变量值的最后面开始向前删除,且仅删除最短的那个。

(2) % %代表从变量值的最后面开始向前删除,且仅删除最长的那个。

2. 变量值的取代

【例 6.15】 将 path 的变量值的第 1 个 sbin 取代成大写 SBIN。

```
[root@localhost ~ ]#echo $ {path/sbin/SBIN}
/usr/local/bin:/usr/local/SBIN:/usr/bin:/usr/sbin:/bin:/sbin:/root/bin
```

两"/"之间的是旧字符串,后面的是新字符串(/旧字符串/新字符串)。

【例 6.16】 将 path 的变量值所有的 sbin 取代成大写 SBIN。

```
[root@localhost ~ ]#echo $ {path//sbin/SBIN}
/usr/local/bin:/usr/local/SBIN:/usr/bin:/usr/SBIN:/bin:/SBIN:/root/bin
```

如果是两条"//",那么所有符合的内容都会被取代(///旧字符串/新字符串)。

变量值的删除和取代全部配置方式见表 6.4。

表 6.4 变量值的删除和取代全部配置方式

变量配置方式	说　　明
$ {变量#关键词}	若变量值从头开始的数据符合"关键词",则将符合的最短数据删除
$ {变量##关键词}	若变量值从头开始的数据符合"关键词",则将符合的最长数据删除
$ {变量%关键词}	若变量值从尾向前的数据符合"关键词",则将符合的最短数据删除
$ {变量%%关键词}	若变量值从尾向前的数据符合"关键词",则将符合的最长数据删除
$ {变量/旧字符串/新字符串}	若变量值符合"旧字符串"则第一个旧字符串会被新字符串取代
$ {变量//旧字符串/新字符串}	若变量值符合"旧字符串"则全部的旧字符串会被新字符串取代

6.2.5 参数置换变量

Shell 提供了参数置换功能以便用户可以根据不同的条件来给变量赋不同的值。参数置换有 4 种形式,语法和功能分别如下。

1. 变量＝$ {参数-表达式}

如果设置了参数,则用参数的值置换变量的值,否则用表达式置换变量的值。

【例 6.17】 变量＝$ {参数-表达式}。

```
[root@localhost ~ ]#unset str
[root@localhost ~ ]#unset var
[root@localhost ~ ]#var= $ {str-new}
[root@localhost ~ ]#echo var= $ var str= $ str
var= new str=
// str 为空,则 var 被赋值为新串,str 不变
[root@localhost ~ ]#str= old
[root@localhost ~ ]#var= $ {str-new}
[root@localhost ~ ]#echo var= $ var str= $ str
var= old str= old
// str 不为空,则 var 被赋值为$ str,str 不变
```

2. 变量＝$ {参数＝表达式}

如果设置了参数,则用参数的值置换变量的值;否则用表达式置换变量的值,再用表达式置换参数的值。

【例 6.18】 变量＝$ {参数＝表达式}。

```
[root@localhost ~ ]#unset str
[root@localhost ~ ]#unset var
[root@localhost ~ ]#var= $ {str= new}
```

```
[root@localhost ~ ]#echo var= $ var str= $ str
var= new str= new
// str 为空,则 var 被赋值为新串,str 也被赋值为新串
[root@localhost ~ ]#str= old
[root@localhost ~ ]#var= $ {str= new}
[root@localhost ~ ]#echo var= $ var str= $ str
var= old str= old
// str 不为空,则 var 被赋值为 str,str 不变
```

3. 变量＝$｛参数？表达式｝

如果设置了参数,则用参数的值置换变量的值,否则报错并退出;如果省略表达式,则显示标准信息。

【例 6.19】 变量＝$｛参数？表达式｝。

```
[root@localhost ~ ]#unset str
[root@localhost ~ ]#unset var
[root@localhost ~ ]#var= $ {str? new}
bash: str: new
// str 为空,显示表达式(new)并退出,str 不变
[root@localhost ~ ]#echo var= $ var str= $ str
var= str=
[root@localhost ~ ]#str= old
[root@localhost ~ ]#var= $ {str? new}
[root@localhost ~ ]#echo var= $ var str= $ str
var= old str= old
// str 不为空,则 var 被赋值为 str,str 不变
```

4. 变量＝$｛参数＋表达式｝

如果设置了参数,则用表达式置换变量的值,否则不置换。

【例 6.20】 变量＝$｛参数＋表达式｝。

```
[root@localhost ~ ]#unset str
[root@localhost ~ ]#unset var
[root@localhost ~ ]#var= $ {str+ new}
[root@localhost ~ ]#echo var= $ var str= $ str
var= str=
// str 为空,不置换
[root@localhost ~ ]#str= old
[root@localhost ~ ]#var= $ {str+ new}
[root@localhost ~ ]#echo var= $ var str= $ str
var= new str= old
// str 不为空,则用表达式置换变量
```

以上 4 种形式的参数既可以是位置参数,也可以是另一个变量。参数置换变量具体见表 6.5。

表 6.5   参数置换变量

参数置换变量	str 没有设置	str 为空字符串	str 已设置非为空字符串
var＝＄{str-expr}	var＝expr	var＝	var＝＄str
var＝＄{str:-expr}	var＝expr	var＝expr	var＝＄str
var＝＄{str＋expr}	var＝	var＝expr	var＝expr
var＝＄{str:＋expr}	var＝	var＝	var＝expr
var＝＄{str＝expr}	str＝expr var＝expr	str 不变 var＝	str 不变 var＝＄str
var＝＄{str:＝expr}	str＝expr var＝expr	str＝expr var＝expr	str 不变 var＝＄str
var＝＄{str?expr}	expr 输出至 stderr	var＝	var＝＄str
var＝＄{str:?expr}	expr 输出至 stderr	expr 输出至 stderr	var＝＄str

说明：加上冒号"："后，被测试的变量没有设置或者是设置为空字符串时，都能够用后面的内容来替换。

6.3   测试表达式

测试表达式 test 是 Shell 脚本中的一个表达式，通过和 Shell 提供的 if 等条件语句相结合可以方便地测试字符串、数字和文件等。其语法如下：

```
test［表达式］
```

表达式所代表的操作符有字符串操作符、数字操作符、文件操作符和逻辑操作符。

6.3.1   字符串判断和比较

字符串判断和比较的操作符见表 6.6。

表 6.6   字符串判断和比较的操作符

操作符	作　　用
-z	判断字符串是否为空,空为真(0),非空为假(1)
＝	比较两字符串是否相同,相同为真(0),不同为假(1)
!＝	比较两字符串是否不同,不同为真(0),相同为假(1)

【例 6.21】   字符串判断和比较。

```
[root@localhost ~ ]#test -z
[root@localhost ~ ]#echo ＄?
0
[root@localhost ~ ]#test -z abc
[root@localhost ~ ]#echo ＄?
1
[root@localhost ~ ]#test abc ＝ abc
[root@localhost ~ ]#echo ＄?
0
```

```
[root@localhost ~ ]#test abc =  cba
[root@localhost ~ ]#echo $ ?
1
```

6.3.2 整数比较

整数比较的操作符见表6.7。

表 6.7 整数比较的操作符

操 作 符	全 称	作 用
-eq	Equal	相等
-ge	Greater Than Or Equal	大于等于
-gt	Greater Than	大于
-le	Less Than Or Equal	小于等于
-lt	Less Than	小于
-ne	Not Equal	不等于

【例 6.22】 整数比较。

```
[root@localhost ~ ]#test 123 -eq 123
[root@localhost ~ ]#echo $?
0
[root@localhost ~ ]#test 123 -ne 123
[root@localhost ~ ]#echo $?
1
```

6.3.3 文件类型判断

文件类型判断的操作符见表6.8。

表 6.8 文件类型判断的操作符

操作符	全 称	作 用
-e	Exist	文件是否存在
-f	File	文件是否存在且为普通文件
-s		文件是否存在且为非空文件
-d	Directory	文件是否存在且为目录文件
-b	Block	文件是否存在且为块设备文件
-c	Character	文件是否存在且为字符设备文件
-p	Pipe	文件是否存在且为管道文件
-h/L	Hard/Link	文件是否存在且为链接文件
-S	Socket	文件是否存在且为套接字文件

【例 6.23】 文件类型判断。

```
[root@localhost ~ ]#test -e file
[root@localhost ~ ]#echo $ ?
1
```

```
// 文件 file 不存在
[root@localhost ~ ]#touch file
[root@localhost ~ ]#test -e file
[root@localhost ~ ]#echo $ ?
0
// 文件 file 存在
[root@localhost ~ ]#test -s file
[root@localhost ~ ]#echo $ ?
1
// 文件 file 存在,不是非空文件
[root@localhost ~ ]#vi file
[root@localhost ~ ]#test -s file
[root@localhost ~ ]#echo $ ?
0
// 文件 file 存在,是非空文件
[root@localhost ~ ]#test -f file
[root@localhost ~ ]#echo $ ?
0
// 文件 file 存在,是普通文件
[root@localhost ~ ]#test -f Desktop
[root@localhost ~ ]#echo $ ?
1
// 文件 Desktop 不是普通文件
[root@localhost ~ ]#test -d Desktop
[root@localhost ~ ]#echo $ ?
0
// 文件 Desktop 是目录文件
```

6.3.4　文件权限检测

文件权限检测的操作符见表 6.9。

表 6.9　文件权限检测的操作符

操作符	作　　用
-r	检测文件名是否存在且具有可读权限
-w	检测文件名是否存在且具有可写权限
-x	检测文件名是否存在且具有可执行权限
-u	检测文件名是否存在且具有 SUID 权限
-G	检测文件名是否存在且具有 SGID 权限
-k	检测文件名是否存在且具有 Stickybit 权限

【例 6.24】　文件权限检测。

```
[root@localhost ~ ]#test -r anaconda-ks.cfg
[root@localhost ~ ]#echo $ ?
0
[root@localhost ~ ]#test -x anaconda-ks.cfg
[root@localhost ~ ]#echo $ ?
1
```

```
[root@localhost ~ ]#test -x Desktop
[root@localhost ~ ]#echo $ ?
0
```

6.3.5 文件比较

文件比较的操作符见表 6.10。

表 6.10 文件比较的操作符

操作符	全　称	作　用
-ef	Equal File	判断 file1 和 file2 是否同一文件,即判断两个文件是否指向同一个 inode,即硬链接
-nt	Newer Than	判断 file1 是否比 file2 新
-ot	Older Than	判断 file1 是否比 file2 旧

【例 6.25】 文件比较。

```
[root@localhost ~ ]#touch file1 file2
[root@localhost ~ ]#ln file1 file3
[root@localhost ~ ]#ls -il file*
16833684 -rw-r--r--. 2 root root 0 Sep 30 15:31 file1
17007980 -rw-r--r--. 1 root root 0 Sep 30 15:31 file2
16833684 -rw-r--r--. 2 root root 0 Sep 30 15:31 file3
[root@localhost ~ ]#test file1 -ef file2
[root@localhost ~ ]#echo $ ?
1
[root@localhost ~ ]#test file1 -ef file3
[root@localhost ~ ]#echo $ ?
0
[root@localhost ~ ]#test file1 -nt file2
[root@localhost ~ ]#echo $ ?
1
```

6.3.6 逻辑测试

逻辑测试(组合条件)的操作符见表 6.11。

表 6.11 逻辑测试(组合条件)的操作符

操作符	全　称	作　用
-a	And	两个逻辑值都为"真"时,返回值才为"真",反之为"假"
-o	Or	两个逻辑值有一个为"真"时,返回值就为"真"
!	Not	与一个逻辑相反的逻辑值

【例 6.26】 逻辑测试。

```
[root@localhost ~ ]#test -x anaconda-ks.cfg
[root@localhost ~ ]#echo $ ?
1
```

```
[root@localhost ~ ]#test ! -x anaconda-ks.cfg
[root@localhost ~ ]#echo $ ?
0
[root@localhost ~ ]#test -r anaconda-ks.cfg -a -x anaconda-ks.cfg
[root@localhost ~ ]#echo $ ?
1
[root@localhost ~ ]#test -r anaconda-ks.cfg -o -x anaconda-ks.cfg
[root@localhost ~ ]#echo $ ?
0
```

6.4 流程控制语句

Shell 脚本提供的流程控制语句包括选择结构和循环结构。Shell 脚本用于指定条件值的是命令和字符串。

6.4.1 选择结构

Shell 脚本提供的选择结构包括 if 语句和 case 语句。

1. if 语句

if 语句一般用于二选一，有 if-then 语句和 if-then-else 语句两种。
（1）if-then 语句
if-then 语句的语法格式如下：

```
if 命令行 1
then
    命令行 2
fi
```

【例 6.27】 使用 if-then 语句创建一个判断输入是否符合要求的 Shell 脚本 if-then. sh。

```
[root@localhost ~ ]#vi if-then.sh
#! /bin/bash

echo -n "Do you want to continue(y/n): "
read answer

if [ $ answer = y -o $ answer = Y ]
then
        echo "Continue..."
fi
[root@localhost ~ ]#bash if-then.sh
Do you want to continue(y/n): y
Continue...
[root@localhost ~ ]#bash if-then.sh
Do you want to continue(y/n): n
[root@localhost ~ ]#
```

（2）if-then-else 语句

if-then-else 语句的语法格式如下：

```
if
    命令行 1
then
    命令行 2
else
    命令行 3
fi
```

【例 6.28】 使用 if-then-else 语句创建一个根据输入的分数判断分数是否及格的 Shell 脚本 if-then-else.sh。

```
[root@localhost ~ ]#vi if-then-else.sh
#! /bin/bash

echo -n "Please input a score: "
read score
echo "You input score is $ score."

if [ $ score -ge 60 ]
then
        echo "Congratuation! You pass the examination."
else
        echo "Sorry! You fail the examination."
fi
[root@localhost ~ ]#bash if-then-else.sh
Please input a score: 59
You input score is 59.
Sorry! You fail the examination.
[root@localhost ~ ]#bash if-then-else.sh
Please input a score: 60
You input score is 60.
Congratuation! You pass the examination.
```

【例 6.29】 使用 if-then-else 语句的嵌套创建一个三分支输入判断的 Shell 脚本 if-then-else_nest.sh。

```
[root@localhost ~ ]#vi if-then-else_nest.sh
#! /bin/bash

echo -n "Please input(Y/N): "
read answer

if [ $ answer = y ] || [ $ answer = Y ]
then
        echo "Your choice is Y."
elif [ $ answer = n ] || [ $ answer = N ]
then
```

```
        echo "Your choice is N."
else
        echo "Your choice is other."
fi
[root@localhost ~ ]#bash if-then-else_nest.sh
Please input(Y/N): y
Your choice is Y.
[root@localhost ~ ]#bash if-then-else_nest.sh
Please input(Y/N): o
Your choice is other.
```

说明:

(1)[ ]相当于测试表达式 test 的简写,语法相同。例如:

```
[ $ var =  abc ]
```

相当于

```
test $ var =  abc
```

(2)[ ]内的逻辑运算使用"-a"或"-o",[ ]外的逻辑运算使用"&&"和"||"。例如:

```
[ ]内的逻辑运算:[ -r file -a -w file ]
[ ]外的逻辑运算:[ -r file ] && [ -w file ]
```

(3)[ ]内每个组件都用空格隔开。

2. case 语句

case 语句用于多选一,语法格式如下:

```
case string in
exp-1)
    若干个命令行 1
    ;;
exp-2)
    若干个命令行 2
    ;;
...
* )
    其他命令行
esac
```

Shell 脚本通过计算 string 的值,将其结果依次与表达式 exp-1、exp-2 等进行比较,直到找到一个匹配的运算式为止。如果找到了匹配项,则执行它下面的命令直到遇到一对分号";;"为止。

case 语句也可以使用通配符("＊""?""[ ]")。通常用"＊"作为 case 语句的最后表达式,以便在前面找不到任何相应的匹配项时执行"其他命令行"。

【例 6.30】 使用 case 语句创建一个菜单选择的 Shell 脚本 case.sh。

```
[root@localhost ~ ]#vi case.sh
#! /bin/bash

echo "1 Restore"
echo "2 Backup"
echo "3 Unload"
echo -n "Enter choice: "
read choice

case "$ choice" in
1) echo "Restore";;
2) echo "Backup";;
3) echo "Unload";;
* ) echo "Sorry, $ choice is not a valid choice."
esac
[root@localhost ~ ]#bash case.sh
1 Restore
2 Backup
3 Unload
Enter choice: 1
Restore
[root@localhost ~ ]#bash case.sh
1 Restore
2 Backup
3 Unload
Enter choice: 4
Sorry, 4 is not a valid choice.
```

6.4.2 循环结构

Shell 脚本提供的循环结构包括 for 语句、while 语句和 until 语句。

1. for 语句

for 语句对一个变量的可能的值都执行一个命令序列。赋给变量的值既可以在程序中以数值列表的形式提供,也可以在程序以外以位置参数的形式提供。for 语句的语法格式如下:

```
for 变量名 in 数值列表
do
    若干个命令行
done
```

如果变量名是 var,则在 in 之后给出的数值将顺序替换循环命令列表中的 $ var。如果省略了数值列表,则变量 var 的取值是位置参数。对变量的每一个可能的值都将执行 do 和 done 之间的命令列表。

【例 6.31】 使用 for 语句创建一个依次输出数组所有元素的 Shell 脚本 for.sh。

```
[root@localhost ~ ]#vi for.sh
#! /bin/bash
for var in 1 2 3 4
do
        echo $ var
done
[root@localhost ~ ]#bash for.sh
1
2
3
4
```

【例 6.32】 使用 for 语句创建一个计算参数中所有整数之和的 Shell 脚本 for_sum.sh。

```
[root@localhost ~ ]#vi for_sum.sh
#! /bin/bash
sum= 0
for var in $ *
do
        sum= `expr $ sum + $ var`
done

echo $ sum
[root@localhost ~ ]#bash for_sum.sh 1 2 3 4 5
15
```

2. while 语句

while 语句的语法格式如下：

```
while
    若干个命令行 1
do
    若干个命令行 2
done
```

只要 while 的"若干个命令行 1"中最后一个命令的返回状态为真，while 循环就继续执行 do…done 之间的"若干个命令行 2"。

【例 6.33】 使用 while 语句创建一个计算 1 到 5 的平方的 Shell 脚本 while.sh。

```
[root@localhost ~ ]#vi while.sh
#! /bin/bash
var= 1

while [ $ var -le 5 ]
do
        square= `expr $ var \* $ var`#"\"把"* "转义为乘法运算符
        echo $ square
```

```
        var=`expr $ var + 1`
done
[root@localhost ~ ]#bash while.sh
1
4
9
16
25
```

【例6.34】 使用 while 语句创建一个只有输入 yes 或 YES 才结束运行的 Shell 脚本 while_stop.sh。

```
[root@localhost ~ ]#vi while_stop.sh
#! /bin/bash

while [ "$ answer" != "yes" -a "$ answer" != "YES" ]
do
        read -p "Please input yes/YES to stop this program: " answer
done

echo "The answer is correct."
[root@localhost ~ ]#bash while_stop.sh
Please input yes/YES to stop this program: abc
Please input yes/YES to stop this program: yes
The answer is correct.
```

3. until 语句

until 语句的语法格式如下：

```
until
    若干个命令行1
do
    若干个命令行2
done
```

until 语句和 while 语句的区别在于：while 语句在条件为真时继续运行语句，而 until 则是在条件为假时继续运行语句。

Shell 脚本还提供了 true 和 false 两条命令用于创建无限语句结构。它们的返回状态分别是总为 0 或总为非 0。

【例6.35】 使用 until 语句创建一个计算 1 到 5 的平方的 Shell 脚本 until.sh。

```
[root@localhost ~ ]#vi until.sh
#! /bin/bash

var= 1
```

```
until [ $ var -gt 5 ]
do
        square= `expr $ var \* $ var`
        echo $ square
        var= `expr $ var + 1`
done
[root@localhost ~ ]#bash until.sh
1
4
9
16
25
```

【例 6.36】 使用 until 语句创建一个只有输入 yes 或 YES 才结束运行的 Shell 脚本 until_stop.sh。

```
[root@localhost ~ ]#vi until_stop.sh
#! /bin/bash

until [ "$ answer" = "yes" -o "$ answer" = "YES" ]
do
        read -p "Please input yes/YES to stop this program: " answer
done

echo "The answer is correct."
[root@localhost ~ ]#bash until_stop.sh
Please input yes/YES to stop this program: abc
Please input yes/YES to stop this program: yes
The answer is correct.
```

6.5 调   试

编写 Shell 脚本的过程中难免会出错。有时调试脚本比编写脚本花费的时间还要多。Shell 脚本的调试主要是利用命令 bash 的选项。其语法格式为

```
bash [选项][Shell 脚本]
```

bash 命令的常用选项及其含义见表 6.12。

表 6.12 bash 命令的常用选项及其含义

选项	含 义
-e	如果一个命令失败就立即退出
-n	读入命令但是不执行
-u	置换时把未设置的变量看作出错
-v	当读入 Shell 输入行时显示出来
-x	执行命令时把命令和参数显示出来

表 6.12 中所有选项也可以在 Shell 脚本内用"set－选项"的形式引用,而"set＋选项"则禁止该选项起作用。如果只想对脚本的某一部分使用某些选项时,则可以将该部分用"set－选项"和"set＋选项"两个语句包围起来。

调试 Shell 脚本的主要方法是利用命令 bash 的"-v"或"-x"选项来跟踪脚本的运行。

(1) 选项"-v"显示脚本的每一行内容,遇到命令时先显示完整的命令行,再执行命令。

(2) 选项"-x"在脚本执行命令前先用"＋"加上完整的命令行并显示,再执行命令。

【例 6.37】 编写 Shell 脚本 debug.sh,测试 Shell 命令解释程序的"-v"和"-x"选项。

```
[root@localhost ~ ]#vi debug.sh
#! /bin/bash

echo "Mr.$ USER, Today is:"
date
echo Wish you a lucky day!
[root@localhost ~ ]#bash debug.sh
Mr.root, Today is:
Wed Sep 30 15:42:18 CST 2020
Wish you a lucky day!
// 不加选项,脚本直接运行
[root@localhost ~ ]#bash -v debug.sh
#! /bin/bash

echo "Mr.$ USER, Today is:"
Mr.root, Today is:
date
Wed Sep 30 15:42:42 CST 2020
echo Wish you a lucky day!
Wish you a lucky day!
// 选项-v,显示脚本的每一行内容,遇到命令时先显示完整的命令行再执行命令
[root@localhost ~ ]#bash -x debug.sh
+ echo 'Mr.root, Today is:'
Mr.root, Today is:
+ date
Wed Sep 30 15:42:58 CST 2020
+ echo Wish you a lucky 'day! '
Wish you a lucky day!
// 选项-x,在脚本的执行命令前先用"+ "加上完整的命令行显示再执行命令
```

除了以上的方法,还可以在 Shell 脚本内采取一些辅助调试的措施。例如,可以在 Shell 脚本的一些关键地方使用 echo 命令把必要的信息显示出来,它的作用相当于 C 语言中的 printf 语句,这样就可以知道 Shell 脚本运行到什么地方及 Shell 脚本目前的状态。

6.6 项目实践 1 Shell 脚本基础

项目说明

本项目重点学习 Shell 脚本。通过本项目的学习,将会获得以下两方面的学习成果。

（1）Shell 脚本的创建和执行。

（2）Shell 变量。

任务　Shell 脚本基础知识

任务要求

（1）掌握 Shell 脚本的创建。

（2）掌握 Shell 脚本的基本语法。

（3）掌握 Shell 脚本的执行。

（4）掌握 Shell 脚本的变量。

任务步骤

步骤 1：简单 Shell 脚本的创建。

使用 vi 创建文件"学号姓名拼音首字母 1. sh"，内容如下：

```
[root@localhost ~ ]#vi 1234567890name1.sh
#! /bin/bash
#filename: 1234567890name1.sh

echo "Mr.$ USER, Today is:"
date
echo Wish you a lucky day!
```

步骤 2：执行 Shell 脚本。

Shell 脚本的执行有两种方式。

（1）直接执行：使用命令"chmod u＋x"为 Shell 脚本文件设置可执行权限；输入 Shell 脚本文件的绝对路径执行。

```
[root@localhost ~ ]#chmod u+ x 1234567890name1.sh
[root@localhost ~ ]#/root/1234567890name1.sh
```

（2）用 bash 执行。

```
[root@localhost ~ ]#bash 1234567890name1.sh
```

步骤 3：Shell 脚本的函数调用。

使用 vi 创建文件"学号姓名拼音首字母 2. sh"，内容如下。（用 bash 执行）

```
[root@localhost ~ ]#vi 1234567890name2.sh
#! /bin/bash
#filename: 1234567890name2.sh

first() {
    echo "============================================= "
    echo "Hello! Everyone! Welcome to the Linux World."
```

```
    echo "==================================== "
}

second() {
    echo "************************************************ "
}

first
second
second
first
[root@localhost ~ ]#bash 1234567890name2.sh
```

步骤4：Shell 的环境变量。

参照 6.2.1 小节，编写 Shell 脚本"学号姓名拼音首字母 3.sh"，在屏幕上显示当前用户主目录、可执行文件路径、终端类型、当前用户的识别号 UID 和当前目录的绝对路径。用 bash 执行。

步骤5：Shell 的预定义变量。

参照 6.2.2 小节，编写 Shell 脚本"学号姓名拼音首字母 4.sh"，在屏幕上显示位置参数的数量、所有位置参数的内容、命令执行后返回的状态、当前进程的进程号、后台运行的最后一个进程号、当前执行的进程名。用 bash 执行。

6.7 项目实践2 Shell 脚本进阶

项目说明

本项目重点学习 Shell 脚本。通过本项目的学习，将会获得以下两方面的学习成果。

(1) 测试表达式。

(2) 流程控制语句。

任务 Shell 脚本进阶学习

任务要求

(1) 掌握测试表达式。

(2) 掌握流程控制语句。

任务步骤

步骤1：自动化处理命令。

假定用户每天早上登录，都要执行以下任务：①检查系统日期；②显示当前在线的用户列表的详细信息。

编写 Shell 脚本来执行上述任务，脚本文件名为"学号姓名拼音首字母_task.sh"。脚本执行结果如图 6.2 所示。

```
[root@localhost ~]# vi 1234567890name_task.sh
[root@localhost ~]# bash 1234567890name_task.sh
Today is: Sat Oct 10 16:49:50 CST 2020
Details of current online users is as follows:
 16:49:50 up 14 min,  2 users,  load average: 0.38, 0.20, 0.22
USER     TTY      FROM          LOGIN@   IDLE   JCPU   PCPU WHAT
root     :0       :0            17Sep20 ?xdm?  43.58s  0.25s /usr/libexec/gnome-ses
root     pts/0    :0            16:49    6.00s  0.05s  0.02s w
```

图 6.2　task.sh 的执行结果

步骤 2：选择结构——if-then-else 语句。

使用 if-then-else 语句改写上一个脚本，实现在执行任务前要求用户确认操作，脚本文件名为"学号姓名拼音首字母_if-then-else.sh"。脚本执行结果如图 6.3 所示。

```
[root@localhost ~]# vi 1234567890name_if-then-else.sh
[root@localhost ~]# bash 1234567890name_if-then-else.sh
Determined to execute shell script ?(y/n)y
Today is: Sat Oct 10 16:50:33 CST 2020
Details of current online users is as follows:
 16:50:33 up 15 min,  2 users,  load average: 0.18, 0.17, 0.21
USER     TTY      FROM          LOGIN@   IDLE   JCPU   PCPU WHAT
root     :0       :0            17Sep20 ?xdm?  44.84s  0.25s /usr/libexec/gnome-ses
root     pts/0    :0            16:50    1.00s  0.05s  0.02s w
[root@localhost ~]# bash 1234567890name_if-then-else.sh
Determined to execute shell script ?(y/n)n
```

图 6.3　if-then-else.sh 的执行结果

步骤 3：选择结构——case 语句。

使用 case 判断成绩的等级如下。

满分：100 分

优秀：90～99 分

良好：80～89 分

合格：60～79 分

不合格：0～59 分

编写 Shell 脚本来执行上述任务，脚本文件名为"学号姓名拼音首字母_case.sh"。脚本执行结果如图 6.4 所示。

```
[root@localhost ~]# vi 1234567890name_case.sh
[root@localhost ~]# bash 1234567890name_case.sh
Please input the score: 100
The score is Full Marks!
[root@localhost ~]# bash 1234567890name_case.sh
Please input the score: 99
The score is Excellent!
[root@localhost ~]# bash 1234567890name_case.sh
Please input the score: 90
The score is Excellent!
[root@localhost ~]# bash 1234567890name_case.sh
Please input the score: 89
The score is Good!
[root@localhost ~]# bash 1234567890name_case.sh
Please input the score: 60
The score is Qualified!
[root@localhost ~]# bash 1234567890name_case.sh
Please input the score: 59
The score is Failed!
```

图 6.4　case.sh 的执行结果

步骤 4：循环结构——for 语句。

使用 for 语句求 $n_1+n_2+n_3+\cdots+n_n$，所有计算的数字由位置参数提供。

编写 Shell 脚本来执行上述任务，脚本文件名为"学号姓名拼音首字母_for.sh"。脚本执行结果如图 6.5 所示。

```
[root@localhost ~]# vi 1234567890name_for.sh
[root@localhost ~]# bash 1234567890name_for.sh 1 2 3 4 5 6 7 8 9 10
  N = 10
SUM = 55
```

图 6.5　for.sh 的执行结果

步骤 5：循环结构——while 语句。

使用 while 语句求数的阶乘，需要计算阶乘的数由用户输入。

编写 Shell 脚本来执行上述任务，脚本文件名为"学号姓名拼音首字母_while.sh"。脚本执行结果如图 6.6 所示。

```
[root@localhost ~]# vi 1234567890name_while.sh
[root@localhost ~]# bash 1234567890name_while.sh
Please enter the number you need to calculate the factorial of: 5
1! = 1
2! = 2
3! = 6
4! = 24
5! = 120
```

图 6.6　while.sh 的执行结果

步骤 6：循环结构——until 语句。

使用 until 语句求数的阶乘，需要计算阶乘的数由用户输入。

编写 Shell 脚本来执行上述任务，脚本文件名为"学号姓名拼音首字母_until.sh"。脚本执行结果如图 6.7 所示。

```
[root@localhost ~]# vi 1234567890name_until.sh
[root@localhost ~]# bash 1234567890name_until.sh
Please enter the number you need to calculate the factorial of: 5
1! = 1
2! = 2
3! = 6
4! = 24
5! = 120
```

图 6.7　until.sh 的执行结果

6.8　本章小结

Shell 脚本的结构由开头部分、注释部分以及语句执行部分组成。使用文本编辑器如 vi 创建 Shell 脚本。运行 Shell 脚本有三种方法。

Shell 在开始运行时就已经定义了一些与系统的工作环境有关的变量，这些变量称为环境变量。用户可以修改环境变量的值。预定义变量也是在 Shell 开始运行时就定义了的变量。用户只能根据 Shell 的定义来使用预定义变量而不能直接修改预定义变量的值。用户定义的变量又称为自定义变量。变量值的删除和取代指的是删除和取代变量值的输出，变量值本身不受影响。Shell 提供了参数置换功能以便用户可以根据不同的条件来给变量赋不同的值。

测试表达式 test 是 Shell 脚本中的一个表达式,通过和 Shell 提供的 if 等条件语句相结合可以方便地测试字符串、数字和文件等。

Shell 脚本提供的流程控制语句包括选择结构和循环结构。Shell 脚本用于指定条件值的是命令和字符串。Shell 脚本提供的选择结构包括 if 语句和 case 语句。Shell 脚本提供的循环结构包括 for 语句、while 语句和 until 语句。

调试 Shell 脚本的主要方法是利用命令 bash 的"-v"或"-x"选项来跟踪脚本的运行。

本章主要学习 Linux 的用户概述和管理、组群概述和管理、创建用户和组群的相关文件和目录、用户登录和身份切换、用户和组群维护。

本章的学习目标如下。

(1) 用户概述：理解用户角色、UID、用户配置文件。

(2) 用户管理：掌握创建/修改/删除用户、设置用户密码。

(3) 组群概述：理解组群分类、GID、组群配置文件。

(4) 组群管理：掌握创建/修改/删除组群、设置组群密码。

(5) 创建用户和组群的相关文件和目录：理解创建用户和组群的相关文件(/etc/default/useradd 和/etc/login. defs)和目录(/etc/skel)。

(6) 用户登录和身份切换：理解用户登录；掌握身份切换命令：su、sudo。

(7) 用户和组群维护：了解用户和组群维护命令：pwck、chage、finger、chfn、chsh、id、groups、newgrp。

7.1　用　户　概　述

用户是登录 Linux 的唯一凭证。

7.1.1　用户角色与 UID

用户在 Linux 中是分角色的。角色不同,每个用户的权限和所能进行的操作也不同。用户的角色是通过 UID(user identifier,用户标识号)来标识的。一般情况下,Linux 用户的 UID 都是唯一的。

Linux 的用户角色有系统管理员、系统用户和普通用户 3 种。

1. 系统管理员

系统管理员具有最高权限,UID 为 0,默认的用户名为 root。如果把一位普通用户的 UID 改为 0,那么该用户将拥有和系统管理员一样的权限。

2. 系统用户

系统用户也称为虚拟用户,由 Linux 自动创建,不能登录 Linux,一般与系统服务关联。CentOS 7 的系统用户的 UID 范围是 201~999。

3. 普通用户

普通用户由系统管理员创建,能登录 Linux,进行普通操作和访问自己目录的内容,

CentOS 7 的普通用户的 UID 从 1000 开始。

7.1.2 用户配置文件

用户配置文件存储了 Linux 中所有用户的信息。用户登录 Linux 时，Linux 先读取文件 /etc/passwd 并验证用户是否存在。如果存在，则获取对应的 UID 并确定用户的角色，再读取文件 /etc/shadow 对应的密码进行验证；如果密码无误并且在有效期内，则登录 Linux。

1. 文件 /etc/passwd

文件 /etc/passwd 是系统识别用户的文件，Linux 中所有的用户都记录在该文件中。文件 /etc/passwd 每一行分为 7 个字段，字段之间用冒号"："分隔，记录一个用户的信息。文件 /etc/passwd 的数据表形式和各字段的含义见表 7.1 和表 7.2。

```
[root@localhost ~ ]#cat /etc/passwd
root:x:0:0:root:/root:/bin/bash
bin:x:1:1:bin:/bin:/sbin/nologin
// 中间省略
test:x:1000:1000:test:/home/test:/bin/bash
```

表 7.1　文件 /etc/passwd 的数据表形式

用户名	密码	用户标识号	组群标识号	用户全称	主目录	登录 Shell
root	x	0	0	root	/root	/bin/bash
bin	x	1	1	bin	/bin	/sbin/nologin
test	x	1000	1000	test	/home/test	/bin/bash

表 7.2　文件 /etc/passwd 各字段的含义

字　段	含　义
用户名	用户名具有唯一性
密码	存放加密的密码"x"，真实密码被映射到文件 /etc/shadow
用户标识号	
组群标识号	
用户全称	用户描述，可以不设置
主目录	用户登录后默认进入的目录
登录 Shell	用户使用的 Shell 类型

2. 文件 /etc/shadow

文件 /etc/shadow 存储了文件 /etc/passwd 中用户对应的密码和有效期等信息。只有 root 用户可以读取和操作文件 /etc/shadow。文件 /etc/shadow 每一行分为 9 个字段，字段之间用冒号"："分隔，记录一个用户的信息。文件 /etc/shadow 的数据表形式和各字段的含义见表 7.3、表 7.4 和图 7.1。

```
[root@localhost ~ ]#cat /etc/shadow
root:$6$0urN8yc.JazkfVWo$00UgNqdhWr/O3B/AZTIjsoYgaX0A28Awscn2fGNVzEwXwAbTnXlI
vtxIGgX6gAmNogUZfHGraCHmREjj.jL3z0::0:99999:7:::
```

```
bin:* :18353:0:99999:7:::
// 中间省略
test:$6$Fav9H8frRUPEkLOj$iQv.Yd3TKPCNFudwBIV3IO6fkRckDOS.TwKccE91l7XYQZJEEDjd
wYZUK1I8nSR2W6YiLNy781/rvxdEZXpD5/::0:99999:7:::
```

表 7.3　文件/etc/shadow 的数据表形式

1	2	3	4	5	6	7	8	9
root	$6$0urN8yc.JazkfVWo$O0UgNqdhWr/O3B/AZTIjsoYgaX0A28Awscn2fGNVzEwXwAbTnXlIvtxIGgX6gAmNogUZfHGraCHmREjj.jL3z0		0	99999	7			
bin	*	18353	0	99999	7			
test	6Fav9H8frRUPEkLOj$iQv.Yd3TKPCNFudwBIV3IO6fkRckDOS.TwKccE91l7XYQZJEEDjdwYZUK1I8nSR2W6YiLNy781/rvxdEZXpD5/		0	99999	7			

表 7.4　文件/etc/shadow 各字段的含义

序号	字　段	含　义
1	用户名	这里的用户名和/etc/passwd 中的用户名是相同的
2	密码	加密的密码,如果显示的是"!!",则表示这个用户还没有设置密码,不能登录
3	最近一次密码更改时间	从 1970 年 1 月 1 日起到最近一次密码更改的间隔天数
4	两次更改密码之间相距的最少天数	允许用户更改密码的间隔天数,设 0 则禁用此功能
5	两次更改密码之间相距的最多天数	需要用户更改密码的间隔天数,否则密码过期,设 0 则禁用此功能。防止用户长期使用同一密码导致安全问题
6	密码过期之前警告的天数	在密码过期时间最近一次密码过期时间+两次更改密码之间相距的最多天数的多少天前,用户登录会收到系统发出更改密码的警告
7	用户被取消激活前的天数(宽限期)	密码过期后,用户登录时,系统会强制要求更改密码才能登录。若在宽限期内没有登录更改密码,则密码会失效,无法登录。密码过期时间+用户被取消激活前的天数(宽限期)为密码失效时间。设 0 则过期马上失效;设-1 则过期后不失效
8	用户过期时间	从 1970 年 1 月 1 日起到被禁用的间隔天数,表示用户在该日期后失效。此时无论密码是否过期,用户都无法登录。设 0 则用户无法登录
9	保留字段	

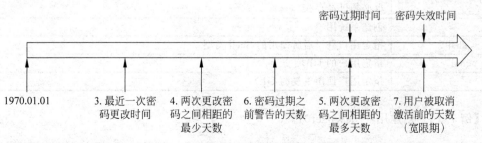

图 7.1　文件/etc/shadow 各字段的含义

例如：

最近一次密码更改时间	2020-9-1(18506)
两次更改密码之间相距的最多天数	30
密码过期时间	2020-10-1(18536)
用户被取消激活前的天数(宽限期)	3
密码失效时间	2020-10-4(18539)

7.2 用户管理

Linux 创建、修改以及删除用户的命令是 useradd、usermod 和 userdel，设置用户密码的命令是 passwd。

7.2.1 useradd: 创建用户

创建用户就是在 Linux 中为用户分配 UID、组群、主目录和登录 Shell 等资源，同时在文件/etc/passwd、/etc/shadow 和/etc/group 中为该用户增加一条记录。新创建的用户默认是被锁定的，无法登录，需要设置密码以后才能登录。

useradd 用于创建用户。其语法格式为

```
useradd [选项] [用户名]
```

useradd 命令的常用选项及其含义见表 7.5。

表 7.5　useradd 命令的常用选项及其含义

选　项	含　义
-c ＜用户全称＞	用户描述
-d ＜主目录＞	指定用户登录时的默认目录
-m	自动创建用户的主目录
-M	不要创建用户的主目录
-e ＜过期时间＞	指定用户的用户过期时间，格式为 MM/DD/YY
-f ＜宽限期＞	指定在密码过期后多少天即禁用该用户
-g ＜组群名＞	指定用户所属的默认组群；当用户属于多个组群，登录时所在组群。系统默认新建一个与用户名同名的组群，并且指定为该用户的默认组群
-G ＜组群名＞	指定用户所属的附加组群，一个用户可以属于多个组群，组群名间用逗号分隔，组群必须已经存在
-r	创建系统用户
-s ＜shell＞	指定用户登录后所使用的 Shell 类型
-u ＜uid＞	指定用户的 UID
-o	指定用户使用重复的 UID

【例 7.1】　创建用户 newuser01。

```
[root@localhost ~ ]#useradd newuser01
```

【例 7.2】 创建用户 newuser02,要求见表 7.6。

表 7.6 用户 newuser02 的各项目要求

项 目	要 求	项 目	要 求
用户名	newuser02	Shell 类型	csh
UID	2002	宽限期	3 天
附加组群	root	过期时间	2020 年 12 月 31 日
主目录	newuser2002		

```
[root@localhost ~ ]#useradd -u 2002 -G root -d /home/newuser2002 -s /bin/csh -f 3 -e
12/31/20 newuser02
```

【例 7.3】 创建完成后分别查看文件/etc/passwd、/etc/shadow 和/etc/group,以及用户主目录/home,对比所创建的 2 个用户的不同之处。

```
[root@localhost ~ ]#grep newuser /etc/passwd /etc/shadow /etc/group
/etc/passwd:newuser01:x:1001:1001::/home/newuser01:/bin/bash
/etc/passwd:newuser02:x:2002:2002::/home/newuser2002:/bin/csh
/etc/shadow:newuser01:!!:18546:0:99999:7:::
/etc/shadow:newuser02:!!:18546:0:99999:7:3:18627:
/etc/group:root:x:0:newuser02
/etc/group:newuser01:x:1001:
/etc/group:newuser02:x:2002:
[root@localhost ~ ]#ls /home
newuser01 newuser2002 test
```

【例 7.4】 创建系统管理员。

```
[root@localhost ~ ]#useradd -u 0 -o newuserroot
[root@localhost ~ ]#grep newuserroot /etc/passwd /etc/shadow /etc/group
/etc/passwd:newuserroot:x:0:2003::/home/newuserroot:/bin/bash
/etc/shadow:newuserroot:!!:18546:0:99999:7:::
/etc/group:newuserroot:x:2003:
[root@localhost ~ ]#ls /home
newuser01 newuser2002 newuserroot test
```

【例 7.5】 创建系统用户。

```
[root@localhost ~ ]#useradd -r newusersystem
[root@localhost ~ ]#grep newusersystem /etc/passwd /etc/shadow /etc/group
/etc/passwd:newusersystem:x:988:982::/home/newusersystem:/bin/bash
/etc/shadow:newusersystem:!!:18546::::::
/etc/group:newusersystem:x:982:
[root@localhost ~ ]#ls /home
newuser01 newuser2002 newuserroot test
// 系统用户不能登录 Linux,所以不创建主目录
```

7.2.2 passwd: 设置用户密码

passwd 用于设置用户密码。root 用户可以设置所有用户的密码,也可以设置简单密码;

普通用户只能设置自己的密码,不可以设置简单密码。其语法格式为

```
passwd[选项][用户名]
```

passwd 命令的常用选项及其含义见表 7.7。

表 7.7　passwd 命令的常用选项及其含义

选项	含　　义
-d	删除密码,只有 root 用户才能使用
-f	强制执行
-k	只有在密码过期失效后,方能设置密码
-l	锁定密码,该用户不能在系统上登录,但是 root 用户可以切换到该用户
-u	解锁密码
-S	查询密码状态

说明:

(1) 锁定密码和删除密码是不同的。

(2) usermod 也可锁定和解锁密码。

【例 7.6】 设置用户 newuser01 的密码。

```
[root@localhost ~]#grep newuser01 /etc/shadow
newuser01:!!!:18546:0:99999:7:::
// 未设置密码,显示"!!"
[root@localhost ~]#passwd newuser01
Changing password for user newuser01.
New password:
BAD PASSWORD: The password is shorter than 8 characters
// 系统提示密码长度小于 8 个字符
Retype new password:
passwd: all authentication tokens updated successfully.
// root 用户可以设置简单密码
[root@localhost ~]#grep newuser01 /etc/shadow
newuser01:$6$swcDzAF1$qZM67MpjAegSjPWfbNVQez0DD/bhQWzqycRnWPUFDs2niSQXZMbsjtj
1c9R517bqcmB693Fb6X4QJbRrVSc5b0:18546:0:99999:7:::
// 已设置密码,显示加密后的密码
```

【例 7.7】 锁定和解锁用户 newuser01 的密码并查询该用户的密码状态。

```
[root@localhost ~]#passwd -S newuser01
newuser01 PS 2020-10-11 0 99999 7 -1 (Password set, SHA512 crypt.)
// 查询密码状态,已设置未锁定
[root@localhost ~]#passwd -l newuser01
Locking password for user newuser01.
passwd: Success
// 锁定密码成功
[root@localhost ~]#passwd -S newuser01
newuser01 LK 2020-10-11 0 99999 7 -1 (Password locked.)
// 查询密码状态,已锁定
```

```
[root@localhost ~ ]#passwd -u newuser01
Unlocking password for user newuser01.
passwd: Success
// 解锁密码成功
[root@localhost ~ ]#passwd -S newuser01
newuser01 PS 2020-10-11 0 99999 7 -1 (Password set, SHA512 crypt.)
```

【例 7.8】 删除用户 newuser01 的密码并查询该用户的密码状态。

```
[root@localhost ~ ]#passwd -d newuser01
Removing password for user newuser01.
passwd: Success
// 删除密码成功
[root@localhost ~ ]#passwd -S newuser01
newuser01 NP 2020-10-11 0 99999 7 -1 (Empty password.)
// 查询密码状态,空密码
[root@localhost ~ ]#grep newuser01 /etc/shadow
newuser01::18546:0:99999:7:::
```

7.2.3 usermod: 修改用户

usermod 用于修改用户。其语法格式为

```
usermod [选项] [用户名]
```

usermod 命令的常用选项及其含义见表 7.8。

表 7.8 usermod 命令的常用选项及其含义

选 项	含 义
-c <用户全称>	用户描述
-d <主目录>	修改用户登录时的默认目录
-m	自动创建用户的主目录
-e <过期时间>	修改用户的过期时间,格式为 MM/DD/YY
-f <宽限期>	修改在密码过期后多少天即禁用该用户
-g <组群名>	修改用户所属的默认组群
-G <组群名>	修改用户所属的附加组群
-s <shell>	修改用户登录后所使用的 Shell 类型
-u <uid>	修改用户的 UID
-l <用户名>	修改用户名
-L	锁定密码,用户无法登录
-U	解锁密码,用户可以登录

说明：选项-L 无法禁止 root 切换到该用户,如果要禁止 root 切换到该用户,可以使用
"-e 0"。

【例 7.9】 修改用户 newuser01,要求见表 7.9。

表 7.9　用户 newuser01 的各项目要求

项　目	要　求	项　目	要　求
用户名	newuser2001	Shell	ksh
UID	2001	宽限期	5 天
附加组群	root	过期时间	2021 年 6 月 30 日
主目录	newuser2001（自动创建）		

```
[root@localhost ~ ]#usermod -u 2001 -G root -d /home/newuser2001 -m -s /bin/ksh -f 5
-e 06/30/21 -l newuser2001 newuser01
[root@localhost ~ ]#grep newuser2001 /etc/passwd /etc/shadow /etc/group
/etc/passwd:newuser2001:x:2001:1001::/home/newuser2001:/bin/ksh
/etc/shadow:newuser2001::18546:0:99999:7:5:18808:
/etc/group:root:x:0:newuser02,newuser2001
[root@localhost ~ ]#ls /home
newuser2001 newuser2002 newuserroot test
```

7.2.4　userdel: 删除用户

userdel 用于删除用户。其语法格式为

```
userdel[选项][用户名]
```

userdel 命令的常用选项及其含义见表 7.10。

表 7.10　userdel 命令的常用选项及其含义

选项	含　义
-f	强制删除用户
-r	同时删除与该用户有关的文件，如主目录、本地邮件等

【例 7.10】　删除用户 newuser2001。

```
[root@localhost ~ ]#userdel newuser2001
[root@localhost ~ ]#grep newuser2001 /etc/passwd /etc/shadow /etc/group
[root@localhost ~ ]#ls /home
newuser2001 newuser2002 newuserroot test
// 用户 newuser2001 的主目录还存在
```

【例 7.11】　删除用户 newuser02，并且同时删除该用户的主目录。

```
[root@localhost ~ ]#userdel -r newuser02
[root@localhost ~ ]#grep newuser02 /etc/passwd /etc/shadow /etc/group
[root@localhost ~ ]#ls /home
newuser2001 newuserroot test
// 用户 newuser02 的主目录 newuser2002 不存在
```

7.3　组 群 概 述

组群是具有某种共同特征的用户集合。通过组群可以统一设置权限。

7.3.1 组群分类与 GID

Linux 的组群有两种分类方法。

1. 私有组群和标准组群

创建用户时如果没有指定用户属于哪一个组群,则 Linux 会创建与该用户同名的组群,即私有组群。该组群只包含该用户。

标准组群也称普通组群,可以包含多个用户。如果使用标准组群,则需要在创建用户时指定该用户的所属组群。

当把其他用户加入私有组群时,该私有组群就变成标准组群。

2. 主要组群和次要组群

当一个用户属于多个组群时,登录后所属的默认组群就是主要组群,其他组群就是次要组群。一个用户只能属于一个主要组群。

次要组群也称附加组群,一个用户可以属于多个次要组群。

组群通过 GID(group identifier,组群标识号)来标识。Linux 中的每一个组群的 GID 都是唯一的。GID 为 0 表示 root 组群;CentOS 7 的系统组群的 GID 范围是 201～999;CentOS 7 的普通组群的 GID 从 1000 开始。

7.3.2 组群配置文件

组群配置文件存储了 Linux 中所有组群的信息。

1. 文件/etc/group

文件/etc/group 是系统识别组群的一个文件,Linux 中所有的组群都记录在该文件中。文件/etc/group 每一行分为 4 个字段,字段之间用冒号":"分隔,记录一个组群的信息。文件/etc/group 的数据表形式和各字段的含义见表 7.11 和表 7.12。

```
「root@localhost ~ ]#cat /etc/group
root:x:0:
bin:x:1:
// 中间省略
test:x:1000:test
```

表 7.11 文件/etc/group 的数据表形式

组群名	组群密码	组群标识号	组 群 成 员
root	x	0	
bin	x	1	
test	x	1000	test

表 7.12　文件/etc/group 各字段的含义

字　　段	含　　义
组群名	组群名具有唯一性
组群密码	存放加密的密码"x",真实密码被映射到文件/etc/gshadow
组群标识号	
组群成员	属于该组群的用户列表,如有多个用户用","分隔

2. 文件/etc/gshadow

文件/etc/gshadow 存储了/etc/group 中组群对应的密码和管理者等信息。如果不想让非组群成员永久拥有组群的权限,可以通过组群密码验证的方式来让用户临时拥有组群的权限。文件/etc/gshadow 每一行分为 4 个字段,字段之间用冒号":"分隔,记录一个组群的信息。文件/etc/gshadow 的数据表形式和各字段的含义见表 7.13 和表 7.14。

```
[root@localhost ~ ]#cat /etc/gshadow
root:::
bin:::
// 中间省略
test:!!::test
```

表 7.13　文件/etc/gshadow 的数据表形式

组群名	组群密码	组群管理者	组群成员
root			
bin			
test	!!		test

表 7.14　文件/etc/gshadow 各字段的含义

字　　段	含　　义
组群名	这里的组群名和/etc/group 中的组群名是相同的
组群密码	加密的密码,如果显示的是"!",则表示这个组群还没有设置密码
组群管理者	组群管理者有权在该组群中添加、删除用户
组群成员	属于该组群的用户列表,如有多个用户用","分隔

7.4　组　群　管　理

Linux 创建、修改以及删除组群的命令是 groupadd、groupmod 和 groupdel,设置组群密码的命令是 gpasswd。

7.4.1　groupadd: 创建组群

groupadd 用于创建组群。其语法格式为

```
groupadd [选项] [组群名]
```

groupadd 命令的常用选项及其含义见表 7.15。

表 7.15　groupadd 命令的常用选项及其含义

选　项	含　义
-f	强制创建已存在的组群
-o	允许使用和别的组群相同的 GID 创建组群
-r	创建系统组群
-g ＜gid＞	指定组群的 GID

【例 7.12】　创建组群 newgroup01，GID 为"1234"。

```
[root@localhost ~ ]#groupadd -g 1234 newgroup01
[root@localhost ~ ]#grep newgroup01 /etc/group /etc/gshadow
/etc/group:newgroup01:x:1234:
/etc/gshadow:newgroup01:!::
```

【例 7.13】　创建系统组群 newgroup02。

```
[root@localhost ~ ]#groupadd -r newgroup02
[root@localhost ~ ]#grep newgroup02 /etc/group /etc/gshadow
/etc/group:newgroup02:x:982:
/etc/gshadow:newgroup02:!::
// 系统组群 newgroup02 的 GID 小于 1000
```

7.4.2　gpasswd: 设置组群密码

gpasswd 用于设置组群密码，在组群中添加、删除用户。其语法格式为

```
gpasswd[选项][用户名][组群名]
```

gpasswd 命令的常用选项及其含义见表 7.16。

表 7.16　gpasswd 命令的常用选项及其含义

选项	含　义
-a	在组群中添加用户
-d	在组群中删除用户
-r	取消组群密码

【例 7.14】　设置 newgroup01 组群的密码。

```
[root@localhost ~ ]#grep newgroup01 /etc/gshadow
newgroup01:!::
// 未设置密码,显示"!"
[root@localhost ~ ]#gpasswd newgroup01
Changing the password for group newgroup01
New Password:
```

```
Re-enter new password:
[root@localhost ~ ]#grep newgroup01 /etc/gshadow
newgroup01:$6$xBnVE/6PSrW/M$wFg3FwgOuvDaOwhBTXa1Cac2J8Fuymr8Jz0U.jbspY0gboEXP.
1LS.56z01ruA94SEcojfTdU3dxHJLJlNJL9/::
// 已设置密码,显示加密后的密码
```

【例 7.15】 取消 newgroup01 组群密码。

```
[root@localhost ~ ]#gpasswd -r newgroup01
[root@localhost ~ ]#grep newgroup01 /etc/gshadow
newgroup01:::
```

【例 7.16】 把用户 newuser01 添加到 newgroup01 组群中。

```
[root@localhost ~ ]#useradd newuser01
[root@localhost ~ ]#gpasswd -a newuser01 newgroup01
Adding user newuser01 to group newgroup01
[root@localhost ~ ]#grep newgroup01 /etc/group /etc/gshadow
/etc/group:newgroup01:x:1234:newuser01
/etc/gshadow:newgroup01:::newuser01
```

7.4.3　groupmod: 修改组群

groupmod 用于修改组群。其语法格式为

```
groupmod [选项] [组群名]
```

groupmod 命令的常用选项及其含义见表 7.17。

表 7.17　groupmod 命令的常用选项及其含义

选　　项	含　　义
-n<新组群名>	修改组群名
-o	重复使用组群的 GID
-g<gid>	修改组群的 GID

说明: 组群识别码 GID 不建议随意修改。

【例 7.17】 修改组群 newgroup01,要求见表 7.18。

表 7.18　组群 newgroup01 的各项目要求

项　　目	要　　求
GID	4321
组群名	newgroup4321

```
[root@localhost ~ ]#groupmod -g 4321 -n newgroup4321 newgroup01
[root@localhost ~ ]#grep newgroup4321 /etc/group /etc/gshadow
/etc/group:newgroup4321:x:4321:newuser01
/etc/gshadow:newgroup4321:::newuser01
// 组群 newgroup01 的 GID 已经修改为 4321,组群名已经修改为 newgroup4321
```

7.4.4 groupdel：删除组群

groupdel 用于删除组群。如果该组群是某个用户的主要组群，则不能被删除。groupdel 的语法格式为

```
groupdel［组群名］
```

【例 7.18】 删除组群 newgroup4321。

```
[root@localhost ~ ]#groupdel newgroup4321
[root@localhost ~ ]#grep newgroup4321 /etc/group /etc/gshadow
// 查看文件/etc/group 和/etc/gshadow,均已不见组群 newgroup4321
```

7.5 创建用户和组群的相关文件和目录

创建用户和组群的默认值存储在文件/etc/default/useradd 和/etc/login. defs、目录/etc/skel。

7.5.1 文件/etc/default/useradd

文件/etc/default/useradd 是在使用命令 useradd 创建用户的规则文件。

```
[root@localhost ~ ]#cat /etc/default/useradd
#useradd defaults file
GROUP= 100
HOME= /home                    #用户主目录的路径
INACTIVE= -1                   #用户失效,-1 表示不启用
EXPIRE=                        #用户过期,不设置表示不启用
SHELL= /bin/bash              #用户的 Shell 类型
SKEL= /etc/skel               #用户主目录模板的路径
CREATE_MAIL_SPOOL= yes        #创建用户时是否创建邮箱文件
```

7.5.2 文件/etc/login.defs

文件/etc/login. defs 规定了创建用户时的一些默认设置,如是否需要主目录、UID 和 GID 的范围、用户密码的期限等。root 用户可以修改这个文件。

```
[root@localhost ~ ]#cat /etc/login.defs
#
#Please note that the parameters in this configuration file control the
#behavior of the tools from the shadow-utils component. None of these
#tools uses the PAM mechanism, and the utilities that use PAM (such as the
#passwd command) should therefore be configured elsewhere. Refer to
#/etc/pam.d/system-auth for more information.
#

#* REQUIRED*
```

```
#Directory where mailboxes reside, _or_ name of file, relative to the
#home directory. If you _do_ define both, MAIL_DIR takes precedence.
#QMAIL_DIR is for Qmail
#
# QMAIL_DIR    Maildir
MAIL_DIR   /var/spool/mail
#创建用户时，系统会在目录/var/spool/mail 中创建同名的用户邮箱
# MAIL_FILE    .mail

#Password aging controls:
#
#PASS_MAX_DAYS    Maximum number of days a password may be used.
#PASS_MIN_DAYS    Minimum number of days allowed between password changes.
#PASS_MIN_LEN    Minimum acceptable password length.
#PASS_WARN_AGE    Number of days warning given before a password expires.
#
PASS_MAX_DAYS   99999           #两次更改密码之间相距的最多天数
PASS_MIN_DAYS   0               #两次更改密码之间相距的最少天数
PASS_MIN_LEN    5               #最小可接受的密码长度
PASS_WARN_AGE   7               #密码过期之前警告的天数


#
#Min/max values for automatic uid selection in useradd
#
UID_MIN                 1000    #创建普通用户自动分配的最小 UID
UID_MAX                 60000   #创建普通用户自动分配的最大 UID
#System accounts
SYS_UID_MIN             201     #创建系统用户自动分配的最小 UID
SYS_UID_MAX             999     #创建系统用户自动分配的最大 UID


#
#Min/max values for automatic gid selection in groupadd
#
GID_MIN                 1000    #创建普通组群自动分配的最小 GID
GID_MAX                 60000   #创建普通组群自动分配的最大 GID
#System accounts
SYS_GID_MIN             201     #创建系统组群自动分配的最小 GID
SYS_GID_MAX             999     #创建系统组群自动分配的最大 GID


#
#If defined, this command is run when removing a user.
#It should remove any at/cron/print jobs etc. owned by
#the user to be removed (passed as the first argument).
#
# USERDEL_CMD  /usr/sbin/userdel_local


#
#If useradd should create home directories for users by default
#On RH systems, we do. This option is overridden with the -m flag on
#useradd command line.
#
```

```
CREATE_HOME  yes                      #创建用户时是否自动创建用户主目录

#The permission mask is initialized to this value. If not specified,
#the permission mask will be initialized to 022.
UMASK        077                      #指定用户主目录的初始化权限反掩码

#This enables userdel to remove user groups if no members exist.
#
USERGROUPS_ENAB yes                   #是否启用删除无成员的组群

#Use SHA512 to encrypt password.
ENCRYPT_METHOD SHA512                 #密码加密方法
```

7.5.3 目录/etc/skel

目录/etc/skel 是存放用户主目录的模板文件。当创建用户时,系统复制目录/etc/skel 下的文件到新创建的用户主目录下。可以通过添加、修改和删除目录/etc/skel 下的文件,来为用户提供一个统一、标准和默认的用户环境。

```
[root@localhost ~ ]#ls -al /etc/skel
total 24
drwxr-xr-x.    3     root root    78     Sep   8    00:23  .
drwxr-xr-x.  139     root root  8192     Oct  13    16:30  ..
-rw-r--r--.    1     root root    18     Apr   1    2020 .bash_logout
-rw-r--r--.    1     root root   193     Apr   1    2020 .bash_profile
-rw-r--r--.    1     root root   231     Apr   1    2020 .bashrc
drwxr-xr-x.    4     root root    39     Sep   8    00:22 .mozilla
```

例如,先创建普通用户 1,在目录/etc/skel 新建子目录和文件;再创建普通用户 2,对比前后 2 个用户的主目录的内容的不同之处。

7.6 用户登录和身份切换

用户登录 Linux 后还可以通过命令切换为其他用户身份进行操作。

7.6.1 登录

1.登录提示信息

用户在登录 Linux 时,屏幕显示提示信息,在登录后会显示另外的提示信息。这些信息由三个文件定义,见表 7.19。

表 7.19 bash 登录提示信息文件

文 件	作 用
/etc/issue	本地登录的提示信息
/etc/issue.net	远程登录的提示信息
/etc/motd	登录成功后的提示信息

2. 登录方式

登录方式分为 login shell 和 non-login shell。

登录方式为 login shell,取得 bash 时需要完整的登录流程,读取的配置文件包括/etc/
profile 和～/. bash_profile(或～/. bash_login 或～/. profile),获得用户的权限和环境变量等。

登录方式为 non-login shell,取得 bash 时不需要完整的登录流程,读取的配置文件只有
～/. bashrc,只获得权限。

7.6.2 身份切换

1. 身份切换的必要性

出于安全考虑,平时以较低权限的普通用户登录 Linux 进行普通操作;在需要进行系统
操作时,再临时切换到 root 用户。

2. 身份切换的方式

(1) su。
(2) sudo。

7.6.3 su: 临时切换用户身份

su(switch user)用于临时切换用户身份。切换时必须输入所要切换的用户名与密码。
root 用户切换到其他用户无须输入密码。不指定用户时默认切换到 root 用户。su 的语法格
式为

```
su [选项] [用户名]
```

su 命令的常用选项及其含义见表 7.20。

表 7.20   su 命令的常用选项及其含义

选 项	含 义
-或-l	切换身份并改变用户环境,包括工作目录和环境变量
-c<命令>	执行完指定的命令后,即恢复原来的用户身份
-f	适用于 csh 与 tsch,使 shell 不用去读取启动文件
-m 或-p	切换身份时不改变环境变量
-s<shell>	指定要执行的 shell

【例 7.19】 从用户 newuser01 以 non-login shell 切换到用户 root。

```
[newuser01@localhost ~ ]$su
Password:
[root@localhost newuser01]#logout
bash: logout: not login shell: use 'exit'
[root@localhost newuser01]#exit
exit
[newuser01@localhost ~ ]$
```

【例 7.20】 从用户 newuser01 以 login shell 切换到用户 root。

```
[newuser01@localhost ~ ]$su -
Password:
Last login: Wed Oct 14 08:39:54 CST 2020 on pts/0
[root@localhost ~ ]#logout
[newuser01@localhost ~ ]$
```

对比有无"-"登录时,命令提示符、当前目录不同。

【例 7.21】 用户 newuser01 执行命令"head -n 3 /etc/shadow"一次。

```
[newuser01@localhost ~ ]$head -n 3 /etc/shadow
head: cannot open '/etc/shadow' for reading: Permission denied
// 普通用户不能读取/etc/shadow,权限被拒绝
[newuser01@localhost ~ ]$su -c "head -n 3 /etc/shadow"
Password:
root:$ 6$ 0urN8yc.JazkfVWo$ 0OUgNqdhWr/O3B/AZTIjsoYgaX0A28Awscn2fGNVzEwXwAbTnXlI
vtxIGgX6gAmNogUZfHGraCHmREjj.jL3z0::0:99999:7:::
bin:* :18353:0:99999:7:::
daemon:* :18353:0:99999:7:::
[newuser01@localhost ~ ]$
```

【例 7.22】 从用户 newuser01 切换到用户 newuser02。

```
[newuser01@localhost ~ ]$su - newuser02
Password:
Last login: Wed Oct 14 08:38:37 CST 2020 on :0
[newuser02@localhost ~ ]$
```

【例 7.23】 从用户 root 切换到用户 newuser02。

```
[root@localhost ~ ]#su -newuser02
Last login: Wed Oct 14 08:41:38 CST 2020 on pts/0
[newuser02@localhost ~ ]$
```

7.6.4 sudo: 以其他用户身份执行命令

sudo 用于以其他用户身份执行命令。在/etc/sudoers 中设置了可执行 sudo 命令的用户。若未经授权的用户使用 sudo,则会发出警告的邮件给管理员。用户使用 sudo 时,必须先输入密码,之后有 5 分钟的有效期限,超过期限则必须重新输入密码。sudo 的语法格式为

```
sudo[选项][命令]
```

sudo 命令的常用选项及其含义见表 7.21。

表 7.21 sudo 命令的常用选项及其含义

选　项	含　义
-b	在后台执行命令
-H	将 HOME 环境变量设为新身份的 HOME 环境变量
-k	结束密码的有效期限,也就是下次再执行 sudo 时便需要输入密码
-l	列出目前用户可执行与无法执行的命令
-p	改变询问密码的提示符号
-s＜shell＞	执行指定的 shell
-u ＜用户＞	以指定的用户作为新的身份若不指定用户,则默认以 root 作为新的身份
-v	延长密码有效期限 5 分钟

sudo 执行过程如下。

(1) 在文件/etc/sudoers 查找用户是否具有权限执行 sudo。

(2) 有权限的用户在执行 sudo 时要验证密码,而 root 用户不用。

(3) 密码验证后,执行 sudo 的后续命令。

【例 7.24】 用户 root 以用户 newuser02 的身份在目录/tmp 新建文件 file1。

```
[root@localhost ~ ]#sudo -u newuser02 touch /tmp/file1
[root@localhost ~ ]#ls -l /tmp/file1
-rw-r--r--. 1 newuser02 newuser02 0 Oct 14 08:44 /tmp/file1
```

【例 7.25】 用户 newuser01 以用户 newuser02 的身份在目录/tmp 新建文件 file2。

```
[newuser01@localhost ~ ]$sudo -u newuser02 touch /tmp/file2

We trust you have received the usual lecture from the local System
Administrator. It usually boils down to these three things:

    #1) Respect the privacy of others.
    #2) Think before you type.
    #3) With great power comes great responsibility.

[sudo] password for newuser01:
newuser01 is not in the sudoers file. This incident will be reported.
[newuser01@localhost ~ ]$ls -l /temp/file2
ls: cannot access /temp/file2: No such file or directory
// 默认情况下,用户 newuser01 不在文件/etc/sudoers 中,因此无法执行 sudo
```

7.7　用户和组群维护

Linux 的用户和组群维护命令主要有 pwck、chage、finger、chfn、chsh、id、groups、newgrp。

7.7.1　pwck: 校验用户配置文件

pwck(password check)用于校验用户配置文件/etc/passwd 和/etc/shadow 的完整性。

【例 7.26】 校验用户配置文件/etc/passwd 和/etc/shadow 的完整性。

```
[root@localhost ~ ]#pwck
user 'ftp': directory '/var/ftp' does not exist
user 'saslauth': directory '/run/saslauthd' does not exist
user 'gluster': directory '/run/gluster' does not exist
user 'pulse': directory '/var/run/pulse' does not exist
user 'gnome-initial-setup': directory '/run/gnome-initial-setup/' does not exist
pwck: no changes
```

7.7.2　chage: 管理用户密码时效

chage(change user password expiry information)用于管理用户密码的时效,防止用户长期使用同一密码导致安全问题。不加选项时将用交互式的方式设置。chage 的语法格式为

```
chage [选项] [用户名]
```

chage 命令的常用选项及其含义见表 7.22。

表 7.22　chage 命令的常用选项及其含义

选　项	含　义
-l	显示密码的时效信息
-d days	修改最近一次密码更改时间,即文件/etc/shadow 第 3 个字段
-m days	修改两次更改密码之间相距的最少天数,即文件/etc/shadow 第 4 个字段
-M days	修改两次更改密码之间相距的最多天数,即文件/etc/shadow 第 5 个字段
-W days	修改密码过期之前警告的天数,即文件/etc/shadow 第 6 个字段
-I days	修改用户被取消激活前的天数(宽限期),即文件/etc/shadow 第 7 个字段
-E date	修改用户过期时间

【例 7.27】　设置用户 newuser01 密码的时效。具体要求见表 7.23,并显示密码的时效信息。

表 7.23　设置用户 newuser01 密码的时效

项　目	要　求
两次更改密码之间相距的最少天数	1
两次更改密码之间相距的最多天数	90
密码过期之前警告的天数	3
密码失效时间	14
用户过期时间	2020 最后 1 天

```
[root@localhost ~ ]#chage -m 1 -M 90 -W 3 -I 14 -E 2020-12-31 newuser01
[root@localhost ~ ]#chage -l newuser01
Last password change                                    : Oct 14, 2020
Password expires                                        : Jan 12, 2021
Password inactive                                       : Jan 26, 2021
Account expires                                         : Dec 31, 2020
Minimum number of days between password change          : 1
Maximum number of days between password change          : 90
Number of days of warning before password expires       : 3
```

【例 7.28】 强制用户在第一次登录时更改密码。

```
[root@localhost ~ ]#chage -d 0 newuser01
[root@localhost ~ ]#chage -l newuser01
Last password change                                    : password must be changed
Password expires                                        : password must be changed
Password inactive                                       : password must be changed
Account expires                                         : Dec  31, 2020
Minimum number of days between password change          : 1
Maximum number of days between password change          : 90
Number of days of warning before password expires       : 3
```

注意：如果不预先设置密码，则不能达到该效果。

```
localhost login: newuser01
Password:
You are required to change your password immediately (root enforced)
Changing password for newuser01.
(current) UNIX password:
New password:
Retype new password:
```

7.7.3　finger：显示用户信息

finger 用于显示用户信息，包括用户名、全称、主目录、Shell 类型、登录时间和终端、闲置时间、办公地址和电话等存放在/etc/passwd 文件中的记录信息。直接使用 finger 命令可以查看当前用户信息。finger 的语法格式为

```
finger [用户名]
```

finger 命令的常用选项及其含义见表 7.24。

表 7.24　finger 命令的常用选项及其含义

选项	含　　义
-l	以长格形式显示用户信息，是默认选项
-m	关闭以用户姓名查询账户的功能，如不加此选项，用户可以用一个用户的姓名来查询该用户的信息
-s	以短格形式查看用户的信息
-p	不显示 plan（plan 信息是用户主目录下的 .plan 等文件）

说明：基本安装 CentOS 7 时不包括 finger，必须手动安装。

（1）将 CentOS 7 的安装光盘映像文件中的文件夹 Packages 中的文件 finger-0.17-52.el7.x86_64.rpm 复制到用户主目录。

（2）执行命令 rpm -ivh finger-0.17-52.el7.x86_64.rpm 进行安装。

【例 7.29】 显示所有用户的登录信息。

```
[root@localhost ~ ]#finger
Login      Name         Tty        Idle  Login  Time  Office    Office Phone  Host
root       root         *:0              Oct 14  08:58                         (:0)
root       root         pts/0            Oct 14  08:59                         (:0)
```

【例 7.30】 显示用户 newuser01 的信息。

```
[root@localhost ~ ]#finger newuser01
Login: newuser01                    Name:
Directory: /home/newuser01          Shell: /bin/bash
No mail.
No Plan.
```

7.7.4 chfn: 修改用户信息

chfn(change finger information)用于修改命令 finger 显示的用户信息,包括用户全名、家庭电话、办公地址和电话,这些信息都存储在文件/etc/passwd。若不指定任何选项,则 chfn 会进入交互模式。chfn 的语法格式为

```
chfn [选项] [用户名]
```

chfn 命令的常用选项及其含义见表 7.25。

表 7.25   chfn 命令的常用选项及其含义

选 项	含 义
-f<用户全名>	设置全名
-o<办公地址>	设置办公地址
-p<办公电话>	设置办公电话号码
-h<家庭电话>	设置家庭电话号码

【例 7.31】 设置用户 newuser01 的信息。具体要求见表 7.26。

表 7.26   用户 newuser01 信息的各项目要求

项 目	要 求	项 目	要 求
用户全名	User01	办公电话	123456
办公地址	Office01	家庭电话	654321

```
[root@localhost ~ ]#grep newuser01 /etc/passwd
newuser01:x:1001:1001::/home/newuser01:/bin/bash
[root@localhost ~ ]#chfn newuser01
Changing finger information for newuser01.
Name []: User01
Office []: Office01
Office Phone []: 123456
Home Phone []: 654321

Finger information changed.
```

```
[root@localhost ~ ]#grep newuser01 /etc/passwd
newuser01:x:1001:1001:User01,Office01,123456,654321:/home/newuser01:/bin/bash
[root@localhost ~ ]#finger newuser01
Login: newuser01                           Name: User01
Directory: /home/newuser01                 Shell: /bin/bash
Office: Office01, 123456                    Home Phone: 654321
No mail.
No Plan.
```

7.7.5　chsh: 修改用户 Shell

chsh(change shell)用于修改用户使用的 Shell。每位用户都有默认的 Shell 环境,若不指定任何选项,则 chsh 会进入交互模式。chsh 的语法格式为

```
chsh [选项] [用户名]
```

chsh 命令的常用选项及其含义见表 7.27。

表 7.27　chsh 命令的常用选项及其含义

选　项	含　义
-l	列出目前系统可用的 Shell
-s<shell>	更改默认的 Shell

【例 7.32】 列出当前系统中所有支持的 Shell 类型。

```
[root@localhost ~ ]#chsh -l
/bin/sh
/bin/bash
/usr/bin/sh
/usr/bin/bash
/bin/tcsh
/bin/csh
```

【例 7.33】 更改用户 newuser01 所用的 Shell 类型为/bin/tcsh。

```
[root@localhost ~ ]#grep newuser01 /etc/passwd
newuser01:x:1001:1001:User01,Office01,123456,654321:/home/newuser01:/bin/bash
[root@localhost ~ ]#chsh newuser01
Changing shell for newuser01.
New shell [/bin/bash]: /bin/tcsh
Shell changed.
[root@localhost ~ ]#grep newuser01 /etc/passwd
newuser01:x:1001:1001:User01,Office01,123456,654321:/home/newuser01:/bin/tcsh
```

7.7.6　id: 显示用户 UID 和所属组群 GID

id 用于显示用户的 UID 和所属组群的 GID。其语法格式为

```
id[选项][用户名]
```

id 命令的常用选项及其含义见表 7.28。

表 7.28　id 命令的常用选项及其含义

选项	含　　义
-g	显示用户所属主要组群的 GID
-G	显示用户所属附加组群的 GID
-u	显示用户的 UID

【例 7.34】　创建组群 newgroup01，将用户 newuser01 加入到该组群，查看用户 newuser01 的 UID、GID 以及所属组群。

```
[root@localhost ~ ]#groupadd newgroup01
[root@localhost ~ ]#gpasswd -a newuser01 newgroup01
[root@localhost ~ ]#id newuser01
uid=1001(newuser01) gid=1001(newuser01) groups=1001(newuser01),1002(newgroup01)
context= unconfined_u:unconfined_r:unconfined_t:s0-s0:c0.c1023
```

7.7.7　groups: 显示用户所属组群

groups 用于显示用户的所属组群。其语法格式为

```
groups[用户名]
```

【例 7.35】　查看用户 newuser01 的所属组群。

```
[root@localhost ~ ]#groups newuser01
newuser01 : newuser01 newgroup01
```

7.7.8　newgrp: 更改用户登录组群

newgrp(new group)用于以另一个组群的身份登录，必须是该组群的用户。若不指定组群，则登录该用户的默认组群。newgrp 的语法格式为

```
newgrp[组群名]
```

【例 7.36】　将用户 newuser01 以组群 newgroup01 的身份登录系统。

```
[newuser01@localhost ~ ]$id
uid=1001(newuser01) gid=1001(newuser01) groups=1001(newuser01),1002(newgroup01)
context=unconfined_u:unconfined_r:unconfined_t:s0-s0:c0.c1023
// 当前用户 newuser01 同时属于组群 newuser01 和 newgroup01，当前以组群 newuser01 的身份
   登录
[newuser01@localhost ~ ]$newgrp newgroup01
```

```
[newuser01@localhost ~ ]$id
uid=1001(newuser01) gid=1002(newgroup01) groups=1002(newgroup01),1001(newuser01)
context=unconfined_u:unconfined_r:unconfined_t:s0-s0:c0.c1023
// 当前用户 newuser01 以组群 newgroup01 的身份登录
```

7.8 项目实践 1 用户和组群管理基础

项目说明

本项目重点学习用户和组群管理基础。通过本项目的学习,将会获得以下两方面的学习成果。

(1) 用户管理。

(2) 组群管理。

任务 1 用户管理

任务要求

(1) 创建用户。

(2) 修改用户。

任务步骤

步骤 1:创建用户。

使用命令 useradd 分别创建两个用户,各项目要求见表 7.29。

表 7.29 创建用户各项目要求

项 目	用户 1	用户 2
用户名	学号姓名拼音首字母 1	学号姓名拼音首字母 2
UID	不指定	2002
附加组群	不指定	root
主目录	不指定	学号姓名拼音首字母 2002
Shell	不指定	csh
密码过期天数后关闭账户	不指定	3 天
账户过期日	不指定	2020 年 12 月 31 日

创建完成后分别查看文件/etc/passwd、/etc/shadow 和/etc/group,对比所创建的两个用户的不同之处,如图 7.2 所示。

```
/etc/passwd:1234567890name1:x:1001:1001::/home/1234567890name1:/bin/bash
/etc/passwd:1234567890name2:x:2002:2002::/home/1234567890name2002:/bin/csh
/etc/shadow:1234567890name1:!!!:18549:0:99999:7:::
/etc/shadow:1234567890name2:!!!:18549:0:99999:7:3:18627:
/etc/group:root:x:0:1234567890name2
/etc/group:1234567890name1:x:1001:
/etc/group:1234567890name2:x:2002:
```

图 7.2 创建的两个用户的不同之处

步骤 2：修改用户。

使用命令 usermod 修改用户 1 和用户 2,各项目要求见表 7.30。

表 7.30　修改用户各项目要求

项　　目	用户 1	用户 2
用户名	学号姓名拼音首字母 2001	学号姓名拼音首字母 2002
UID	2001	保持不变
附加组群	root	保持不变
主目录	学号姓名拼音首字母 2001	保持不变
Shell	ksh	保持不变
密码过期天数后关闭账户	5 天	保持不变
账户过期日	明年 6 月 30 日	保持不变

修改完成后分别查看文件/etc/passwd、/etc/shadow 和/etc/group,对比修改前后的不同之处,如图 7.3 所示。

```
/etc/passwd:1234567890name2001:x:2001:1001::/home/1234567890name2001:/bin/ksh
/etc/passwd:1234567890name2002:x:2002:2002::/home/1234567890name2002:/bin/csh
/etc/shadow:1234567890name2001:!!:18549:0:99999:7:5:18808:
/etc/shadow:1234567890name2002:!!!:18549:0:99999:7:3:18627:
/etc/group:root:x:0:1234567890name2001,1234567890name2002
/etc/group:1234567890name1:x:1001:
/etc/group:1234567890name2:x:2002:
```

图 7.3　修改前后的不同之处

任务 2　组群管理

任务要求

(1) 创建组群。

(2) 修改组群。

任务步骤

步骤 1：创建组群。

使用命令 groupadd 创建 1 个组群,各项目要求见表 7.31。

表 7.31　创建组群各项目要求

项　　目	要　　求
GID	1234
组群名	学号姓名拼音首字母 1234

将任务 1 创建的用户 1 和用户 2 修改为该组群。

操作完成后查看文件/etc/passwd、/etc/group 和/etc/gshadow,对比操作前后的不同之处,如图 7.4 所示。

步骤 2：修改组群。

使用命令 groupmod 修改步骤 1 所创建的组群,各项目要求见表 7.32。

```
/etc/passwd:1234567890name2001:x:2001:1234::/home/1234567890name2001:/bin/ksh
/etc/passwd:1234567890name2002:x:2002:1234::/home/1234567890name2002:/bin/csh
/etc/group:root:x:0:1234567890name2001,1234567890name2002
/etc/group:1234567890name1:x:1001:
/etc/group:1234567890name2:x:2002:
/etc/group:1234567890name1234:x:1234:
/etc/gshadow:root:::1234567890name2001,1234567890name2002
/etc/gshadow:1234567890name1:!::
/etc/gshadow:1234567890name2:!::
/etc/gshadow:1234567890name1234:!::
```

图 7.4　操作前后的不同之处(1)

表 7.32　修改组群各项目要求

项　　目	要　　　　求
GID	4321
组群名	学号姓名拼音首字母 4321

操作完成后查看文件/etc/passwd、/etc/group 和/etc/gshadow,对比操作前后的不同之处,如图 7.5 所示。

```
/etc/passwd:1234567890name2001:x:2001:4321::/home/1234567890name2001:/bin/ksh
/etc/passwd:1234567890name2002:x:2002:4321::/home/1234567890name2002:/bin/csh
/etc/group:root:x:0:1234567890name2001,1234567890name2002
/etc/group:1234567890name1:x:1001:
/etc/group:1234567890name2:x:2002:
/etc/group:1234567890name4321:x:4321:
/etc/gshadow:root:::1234567890name2001,1234567890name2002
/etc/gshadow:1234567890name1:!::
/etc/gshadow:1234567890name2:!::
/etc/gshadow:1234567890name4321:!::
```

图 7.5　操作前后的不同之处(2)

7.9　项目实践 2　用户和组群管理进阶

项目说明

本项目重点学习用户和组群管理进阶。通过本项目的学习,将会获得以下两方面的学习成果。

(1) 创建用户和组群的相关文件和目录。

(2) 用户和组群维护。

任务 1　创建用户和组群的相关文件和目录

任务要求

修改文件/etc/default/useradd 和/etc/login. defs、目录/etc/skel,实现创建用户时实现统一和标准的用户环境与用户规则。

任务步骤

步骤 1:创建用户 1。

创建名称为"学号姓名拼音首字母 1"的用户,选项保持默认,完成后分别查看文件/etc/passwd、/etc/shadow 和/etc/group,以及该用户主目录,如图 7.6、图 7.7 所示。

```
/etc/passwd:1234567890name1:x:1001:1001::/home/1234567890name1:/bin/bash
/etc/shadow:1234567890name1:!!!:18549:0:99999:7:::
/etc/group:1234567890name1:x:1001:
```

图 7.6 查看文件/etc/passwd、/etc/shadow 和/etc/group(1)

```
total 12
drwx------. 3 1234567890name1 1234567890name1  78 Oct 14 14:57 .
drwxr-xr-x. 4 root            root             41 Oct 14 14:57 ..
-rw-r--r--. 1 1234567890name1 1234567890name1  18 Apr  1  2020 .bash_logout
-rw-r--r--. 1 1234567890name1 1234567890name1 193 Apr  1  2020 .bash_profile
-rw-r--r--. 1 1234567890name1 1234567890name1 231 Apr  1  2020 .bashrc
drwxr-xr-x. 4 1234567890name1 1234567890name1  39 Sep  8 00:22 .mozilla
```

图 7.7 查看用户主目录(1)

步骤 2：修改创建用户的默认规则、设置和主目录。

修改文件/etc/default/useradd，要求见表 7.33。

表 7.33 文件/etc/default/useradd 修改项目要求

项　目	要　求
启用账户失效	30 天
用户过期时间	今年 12 月 31 日
用户的 Shell 类型	/bin/csh

修改文件/etc/login.defs，要求见表 7.34。

表 7.34 文件/etc/login.defs 修改项目要求

项　目	要　求
两次更改密码之间相距的最多天数	365 天
两次更改密码之间相距的最少天数	1 天
最少可接受的密码长度	8 个字符
密码过期之前警告的天数	3 天
创建普通用户自动分配的开始 UID	10001
创建普通组群自动分配的开始 GID	10001

在目录/etc/skel 添加一个名为 Welcome New User.txt 的文件。内容自定义。

步骤 3：创建用户 2。

创建名称为"学号姓名拼音首字母 2"的用户，选项保持默认，完成后分别查看文件/etc/passwd、/etc/shadow 和/etc/group，以及该用户主目录。对比两个用户的不同之处，如图 7.8、图 7.9 所示。

```
/etc/passwd:1234567890name2:x:10001:10001::/home/1234567890name2:/bin/csh
/etc/shadow:1234567890name2:!!!:18549:1:365:3:30:18627:
/etc/group:1234567890name2:x:10001:
```

图 7.8 查看文件/etc/passwd、/etc/shadow 和/etc/group(2)

```
total 12
drwx------. 3 1234567890name2 1234567890name2 106 Oct 14 15:11 .
drwxr-xr-x. 5 root            root             64 Oct 14 15:11 ..
-rw-r--r--. 1 1234567890name2 1234567890name2  18 Apr  1  2020 .bash_logout
-rw-r--r--. 1 1234567890name2 1234567890name2 193 Apr  1  2020 .bash_profile
-rw-r--r--. 1 1234567890name2 1234567890name2 231 Apr  1  2020 .bashrc
drwxr-xr-x. 4 1234567890name2 1234567890name2  39 Sep  8 00:22 .mozilla
-rw-r--r--. 1 1234567890name2 1234567890name2   0 Oct 14 15:10 Welcome New User.txt
```

图 7.9 查看用户主目录(2)

任务2 用户和组群维护

任务要求

(1) 用户密码维护。

(2) 用户密码时效维护。

(3) 用户信息维护。

(4) 用户组群维护。

任务步骤

步骤1：用户密码维护。

创建4个用户，并使用命令 passwd 为相应的用户设置密码。具体要求见表7.35。

表7.35　设置用户密码要求

用　户	登　录　名	密　码
用户1	学号姓名拼音首字母1	
用户2	学号姓名拼音首字母2	自定义
用户3	学号姓名拼音首字母3	自定义
用户4	学号姓名拼音首字母4	自定义

锁定用户3的密码，删除用户4的密码。

完成以上操作后，4个用户的密码状态如图7.10所示。

```
1234567890name1:!!!:18549:0:99999:7:::
1234567890name2:$6$gjUD6fSr$FShj5WEE9IoezfHy1ZQ/Sf7eVcAJzii.oRHhMZGQVlcooDe26DFbGJdCx0S
rcVOs0BSVNq252XNGgTEGQHfeV/:18549:0:99999:7:::
1234567890name3:!!$6$Y/ZW8urQ$0uy6gT2C1YLr3soVe3udmvsjmSXfNX9550hTghOO1.PX42Q2ri1ZQVMMT
x0tKDM1dbLZk0D1rvwf8H7S1joX00:18549:0:99999:7:::
1234567890name4::18549:0:99999:7:::
```

图7.10　4个用户的密码状态

步骤2：用户密码时效维护。

维护用户1的密码时效。具体要求见表7.36。

表7.36　维护用户密码时效项目要求

项　目	要　求
两次更改密码之间相距的最少天数	1
两次更改密码之间相距的最多天数	90
密码过期之前警告的天数	7
密码失效时间	14
用户过期时间	今年最后1天

步骤3：用户信息维护。

设置用户1的用户信息。具体要求见表7.37。

步骤4：用户组群维护。

为用户1设置密码，并使用命令 gpasswd 将其加入到 root 组中。

以 root 身份登录，并使用命令 su 切换到用户1，查看所属群组，如图7.11所示。

表 7.37 设置用户信息要求

Name	姓　　名
全名	姓名全拼
办公地址	4 位数年级＋专业拼音首字母＋1 位数班别
办公电话	学号

```
uid=1001(1234567890name1) gid=1001(1234567890name1) groups=1001(1234567890name1),0(root
) context=unconfined u:unconfined r:unconfined t:s0-s0:c0.c1023
```

图 7.11 查看所属群组(1)

使用命令 newgrp 以组群 root 登录,查看所属群组,如图 7.12 所示。

```
uid=1001(1234567890name1) gid=0(root) groups=0(root),1001(1234567890name1) context=unco
nfined u:unconfined r:unconfined t:s0-s0:c0.c1023
```

图 7.12 查看所属群组(2)

7.10 本 章 小 结

用户是登录 Linux 的唯一凭证。用户的角色是通过 UID 来标识的。用户配置文件存储了 Linux 中所有用户的信息。文件/etc/shadow 存储了文件/etc/passwd 中用户对应的密码和有效期等信息。

Linux 创建、修改以及删除用户的命令是 useradd、usermod 和 userdel,设置用户密码的命令是 passwd。

组群是具有某种共同特征的用户集合。组群通过 GID 来标识。文件/etc/group 是系统识别组群的一个文件,文件/etc/gshadow 存储了/etc/group 中组群对应的密码和管理者等信息。

Linux 创建、修改以及删除组群的命令是 groupadd、groupmod 和 groupdel,设置组群密码的命令是 gpasswd。

创建用户和组群的默认值存储在文件/etc/default/useradd 和/etc/login. defs、目录/etc/skel。

登录方式分为 login shell 和 non-login shell。su 用于临时切换用户身份。sudo 用于以其他用户身份执行命令。

Linux 的用户和组群维护命令主要有 pwck、chage、finger、chfn、chsh、id、groups、newgrp。

第 8 章

权限和所有者

本章主要学习 Linux 的文件权限、权限修改、权限掩码、文件属性、文件所有者。

本章的学习目标如下。

(1) 文件权限:理解文件的一般权限和特殊权限。

(2) 权限修改:掌握修改文件或目录权限的方法(文字法、数字法、模板法)。

(3) 权限掩码:理解权限掩码。

(4) 文件属性:理解文件的文件属性(隐藏权限)。

(5) 文件所有者:理解文件所有者;掌握设置文件所有者和所属组群。

8.1　文　件　权　限

在 Linux 中,用户对每一个文件或目录都具有访问权限。这些权限决定了谁可以访问,以及如何访问文件和目录。权限范围包括文件的所有者、所属组群和其他用户。

8.1.1　一般权限

用命令"ls -l"可以显示文件的详细信息,其中包括权限。

```
[root@localhost ~ ]#ls -l
total 8
-rw-------. 1 root root 1723 Sep  8 00:31 anaconda-ks.cfg
drwxr-xr-x. 2 root root    6 Sep  8 00:43 Desktop
drwxr-xr-x. 2 root root    6 Sep  8 00:43 Documents
drwxr-xr-x. 2 root root    6 Sep  8 00:43 Downloads
-rw-r--r--. 1 root root 1771 Sep  8 00:42 initial-setup-ks.cfg
drwxr-xr-x. 2 root root    6 Sep  8 00:43 Music
drwxr-xr-x. 2 root root    6 Sep  8 00:43 Pictures
drwxr-xr-x. 2 root root    6 Sep  8 00:43 Public
drwxr-xr-x. 2 root root    6 Sep  8 00:43 Templates
drwxr-xr-x. 2 root root    6 Sep  8 00:43 Videos
```

第 2～10 个字符用于表示权限,每 3 个字符为一组。

第 1 组表示文件所有者的权限。

第 2 组表示文件所属组群的权限。

第 3 组表示其他用户的权限。

英文字母表示有该项权限,"-"表示无该项权限。

一般权限见表 8.1。

表 8.1　一般权限

权　　限	文　　件	目　　录
r Read	读取	浏览(ls)目录下的文件列表,但是信息完整度与 x 权限有关
w Write	编辑修改文件的内容,但不包括删除文件	新建和重命名子目录和文件,删除子目录和文件(不管子目录和文件的权限如何),移动子目录和文件(不管文件的权限如何;但是对子目录应有 w 权限,否则无法移动子目录)
x Execute	执行,但能否执行取决于文件的类型	进入目录

8.1.2　特殊权限

除了一般权限以外,还有特殊权限。用户若无特殊需求,不用启用这些权限,避免出现安全漏洞。

1. SUID

SUID 的权限字符为小写字母 s,大写字母 S 表示缺少执行权限。

SUID 可以让执行者拥有程序所有者的权限。

SUID 具有以下限制。

(1) 只对二进制可执行文件(程序)有效,脚本文件无效。

(2) 执行者必须对程序有执行权限。

(3) 权限只在程序执行过程中有效。

【例 8.1】　文件/usr/bin/passwd 有特殊权限 SUID,所有者 root 对/etc/shadow 有强行修改的权限,所以普通用户可以执行/usr/bin/passwd 修改/etc/shadow。

```
[root@localhost ~ ]#ls -l /usr/bin/passwd
-rwsr-xr-x. 1 root root 27856 Apr 1 2020 /usr/bin/passwd
[root@localhost ~ ]#ls -l /etc/shadow
----------. 1 root root 1243 Sep 8 00:30 /etc/shadow
```

【例 8.2】　文件/bin/cat 没有特殊权限 SUID,虽然所有者 root 对/etc/shadow 有强行读取的权限,但是普通用户不可以执行/bin/cat 查看/etc/shadow。

```
[root@localhost ~ ]#ls -l /bin/cat
-rwxr-xr-x. 1 root root 54080 Aug 20 2019 /bin/cat
```

2. SGID

SGID 的权限字符为小写字母 s,大写字母 S 表示缺少执行权限。

SGID 可以让执行者拥有程序所属组群的权限。

SGID 具有以下限制。

(1) 只对二进制可执行文件和目录有效,脚本文件无效。

（2）执行者必须对程序有 x 权限。

（3）权限只在程序执行过程中有效。

【例 8.3】 文件/usr/bin/locate 的所属组群为 slocate，对文件/var/lib/mlocate/mlocate.db 有 r 权限，所以普通用户可以执行/usr/bin/locate 查看 mlocate.db。

```
[root@localhost ~ ]#ls -l /usr/bin/locate
-rwx--s--x. 1 root slocate 40520 Apr 11 2018 /usr/bin/locate
[root@localhost ~ ]#ls -l /var/lib/mlocate/mlocate.db
-rw-r-----. 1 root slocate 2873530 Oct 15 16:16 /var/lib/mlocate/mlocate.db
```

3. SBIT(sticky bit,粘连位)

SBIT 的权限字符为小写字母 t，大写字母 T 表示缺少执行权限。

SBIT 的功能是，用户在此目录下新建的文件和目录，只有自己和 root 有权删除、移动、重命名，而无法删除他人的文件和目录。

SBIT 具有以下限制。

（1）只针对目录。

（2）用户对目录有 wx 权限，即有写入和进入的权限。

【例 8.4】 目录/tmp 的其他用户对目录有 t 权限，所以普通用户在此目录下新建的文件和目录，只有自己和 root 有权删除、移动、重命名，而无法删除他人的文件和目录。

```
[root@localhost ~ ]#ls -ld /tmp
drwxrwxrwt. 21 root root 4096 Oct 15 16:14 /tmp
```

8.2　权限修改

只有系统管理员和所有者才可以修改文件或目录的权限。符号链接文件的权限无法修改，如果修改符号链接文件的权限，会作用在被链接的原始文件。

chmod(Change Mode)用于修改文件或目录的权限。修改文件或目录权限的方法一般有以下 3 种。

（1）文字法：chmod［选项］［＜权限范围＞＋/－/＝＜权限＞］［文件或目录］

（2）数字法：chmod［选项］［八进制数字］［文件或目录］

（3）模板法：chmod［选项］［--reference＝＜参考文件或目录＞］［文件或目录］

chmod 命令的常用选项及其含义见表 8.2。

表 8.2　chmod 命令的常用选项及其含义

选项	含　义
-R	递归处理，将指定目录下的所有文件及子目录一并处理
＋	增加权限范围的文件或目录的该项权限
－	移除权限范围的文件或目录的该项权限
＝	指定权限范围的文件或目录的该项权限，原有权限被清空，效果等同于数字法

权限范围见表8.3。

表8.3 权限范围

缩写	全 称	含 义
u	User	所有者
g	Group	所属组群
o	Other	其他用户
a	All	全部用户,包含所有者、所属组群以及其他用户

说明:使用文字法同时修改多个权限范围时要在之间用逗号分隔。

权限字符与八进制数字关系见表8.4。

表8.4 权限字符与八进制数字关系

权 限 字 符	八进制数字	备 注
r	4	
w	2	
x	1	
s	4	SUID
s	2	SGID
t	1	SBIT
-	0	

说明:使用数字法修改权限,是将权限对应的数字相加,格式为 3 个八进制数,分别对应 u、g、o。修改特殊权限时,在最前面增加 1 个八进制数。原有权限被清空。

【例 8.5】 创建文件 file1 和 file2 并显示它们的默认权限。

```
[root@localhost ~ ]#touch file1 file2
[root@localhost ~ ]#ls -l file*
-rw-r--r--. 1 root root 0 Oct 15 16:17 file1
-rw-r--r--. 1 root root 0 Oct 15 16:17 file2
// file1 和 file2 的默认权限是所有者具有读写权限,所属组群具有读权限,其他用户具有读权限
```

【例 8.6】 使用文字法移除文件 file1 的所有权限,使用数字法移除文件 file2 的所有权限。

```
[root@localhost ~ ]#chmod u-rw,g-r,o-r file1
// 命令"chmod u-rwx,g-rwx,o-rwx"和"chmod u= ,g= ,o= "均能移除文件的所有权限
[root@localhost ~ ]#chmod 000 file2
// 命令"chmod 0"也能移除文件的所有权限
[root@localhost ~ ]#ls -l file*
----------. 1 root root 0 Oct 15 16:17 file1
----------. 1 root root 0 Oct 15 16:17 file2
```

【例 8.7】 使用文字法分别增加文件 file1 的特殊权限和所有权限。

```
[root@localhost ~ ]#chmod u+s,g+s,o+t file1
[root@localhost ~ ]#ls - l file1
```

```
---S--S-- T. 1 root root 0 Oct 15 16:17 file1
// 因为缺少执行权限 x,所以特殊权限的权限字符为大写字母 S 和 T
[root@localhost ~ ]#chmod u+rwx,g+rwx,o+rwx file1
[root@localhost ~ ]#ls -l file1
-rwsrwsrwt. 1 root root 0 Oct 15 16:17 file1
```

【例 8.8】 使用数字法分别增加文件 file2 的特殊权限和所有权限。

```
[root@localhost ~ ]#chmod 7000 file2
[root@localhost ~ ]#ls -l file2
---S--S-- T. 1 root root 0 Oct 15 16:17 file2
[root@localhost ~ ]#chmod 7777 file2
[root@localhost ~ ]#ls -l file2
-rwsrwsrwt. 1 root root 0 Oct 15 16:17 file2
```

【例 8.9】 修改目录 dir1 及其子目录 dir2 和文件 file3 的权限为 777。

```
[root@localhost ~ ]#mkdir -p dir1/dir2
[root@localhost ~ ]#touch dir1/file3
[root@localhost ~ ]#ls -ld dir1
drwxr-xr-x. 3 root root 18 Oct 15 16:21 dir1
[root@localhost ~ ]#ls -ld dir1/dir2
drwxr-xr-x. 2 root root 19 Oct 15 16:21 dir1/dir2
[root@localhost ~ ]#ls -l dir1/file3
-rw-r--r--. 1 root root 0 Oct 15 16:21 dir1/file3
// 目录 dir1 的默认权限为 rwxr-xr-x
// 子目录 dir2 的默认权限为 rwxr-xr-x
// 文件 file3 的默认权限为 rw-r--r--
[root@localhost ~ ]#chmod -R 777 dir1
[root@localhost ~ ]#ls -ld dir1
drwxrwxrwx. 3 root root 18 Oct 15 16:21 dir1
[root@localhost ~ ]#ls -ld dir1/dir2
drwxrwxrwx. 2 root root 19 Oct 15 16:21 dir1/dir2
[root@localhost ~ ]#ls -l dir1/file3
-rwxrwxrwx. 1 root root 0 Oct 15 16:21 dir1/file3
// 目录 dir1 及其子目录 dir2 和文件 file3 的权限为 rwxrwxrwx
```

8.3 权 限 掩 码

权限掩码是用于指定创建文件或目录的权限默认值,由 4 位八进制数字组成(第 1 位是特殊权限),表示的是要移除的权限。root 用户的权限掩码默认值是 0022,普通用户的权限掩码默认值是 0002。

权限掩码可以使用命令 umask 设置,也可以修改配置文件(/etc/profile 和/etc/bashrc:全局设置;~/.bashrc:当前用户设置)。

umask 用于查询和设置权限掩码。其语法格式为

```
umask [选项][权限掩码]
```

umask 命令的常用选项及其含义见表 8.5。

表 8.5　umask 命令的常用选项及其含义

选项	含　　义
-S	以文字的方式表示权限掩码

文件和目录的默认权限是不同的。文件一般用于数据的读写,所以不需要执行权限。目录的执行权限是很重要的,因为进入目录需要执行权限。因此:

(1) 如果创建文件,只有 rw 权限,没有 x 权限(666、rw-rw-rw-)。

(2) 如果创建目录,具有所有权限(777、rwxrwxrwx)。

创建文件和目录的权限等于默认权限减去权限掩码。

root 用户创建文件和目录如下。

创建文件:666-022＝644(rw-r--r--)

创建目录:777-022＝755(rwxr-xr-x)

【例 8.10】　查看 root 用户的权限掩码。

```
[root@localhost ~ ]#umask
0022
[root@localhost ~ ]#umask -S
u= rwx,g= rx,o= rx
[root@localhost ~ ]#touch file
[root@localhost ~ ]#mkdir dir
[root@localhost ~ ]#ls -l file
-rw-r--r--. 1 root root 0 Oct 15 16:25 file
[root@localhost ~ ]#ls -ld dir
drwxr-xr-x. 2 root root 6 Oct 15 16:25 dir
// 文件 file 的权限为 rw-r--r--,目录 dir 的权限为 rwxr-xr-x
```

普通用户创建文件和目录如下。

创建文件:666-002＝664(rw-rw-r--)

创建目录:777-002＝775(rwxrwxr-x)

【例 8.11】　查看普通用户的权限掩码。

```
[test@localhost ~ ]$umask
0002
[test@localhost ~ ]$umask -S
u= rwx,g= rwx,o= rx
[test@localhost ~ ]$touch file
[test@localhost ~ ]$mkdir dir
[test@localhost ~ ]$ls -l file
-rw-rw-r--. 1 test test 0 Oct 15 16:27 file
[test@localhost ~ ]$ls -ld dir
drwxrwxr-x. 2 test test 6 Oct 15 16:27 dir
// 文件 file 的权限为 rw-rw-r--,目录 dir 的权限为 rwxrwxr-x
```

8.4 文 件 属 性

Linux 中的文件除了具备一般权限和特殊权限之外,还有一种隐藏权限,也称为文件属性。隐藏权限对于系统安全很关键,只能在 ext2 以上的文件系统生效。

隐藏权限有关的命令包括 chattr 和 lsattr。

8.4.1 chattr: 修改文件属性

chattr(change attribute)用于修改文件属性。其语法格式为

```
chattr [选项] [+ /-/= <属性>] [文件或目录]
```

chattr 命令的常用选项及其含义见表 8.6。

表 8.6　chattr 命令的常用选项及其含义

选　项	含　义
-R	递归处理,将指定目录下的所有文件及子目录一并处理
+<属性>	增加文件或目录的该项属性
-<属性>	移除文件或目录的该项属性
=<属性>	指定文件或目录的该项属性

文件属性见表 8.7。

表 8.7　文件属性

字符	文 件 属 性
a	文件只能追加数据,不能删除和更改数据,只有 root 能设置,一般用于登录文件 logfile
b	不更新文件或目录的最后存取时间
c	将文件或目录压缩后存储,对大文件有用
d	执行 dump 命令备份数据时不会备份到该文件或目录
i	文件不能被删除和更改数据,即使设置了硬链接也无法,只有 root 能设置
s	保密性删除文件或目录,即完全从磁盘删除
S	一般文件是异步写入磁盘,S 表示同步写入磁盘
u	预防意外删除,数据内容还留在磁盘中

【**例 8.12**】 新建文件 file 并增加其文件属性 i。

```
[root@localhost ~ ]#touch file
[root@localhost ~ ]#chattr +i file
[root@localhost ~ ]#rm file
rm: remove regular empty file "file"? y
rm: cannot remove "file": Operation not permitted
```

8.4.2 lsattr: 显示文件属性

lsattr(list attribute)用于显示文件属性。其语法格式为

```
lsattr [选项] [文件或目录]
```

lsattr 命令的常用选项及其含义见表 8.8。

表 8.8 lsattr 命令的常用选项及其含义

选项	含 义
a	显示所有文件和目录的文件属性
d	显示目录本身而非目录内文件的文件属性
R	递归处理，将指定目录下的所有文件及子目录一并处理
v	显示文件或目录版本

【例 8.13】 显示文件 file 的文件属性。

```
[root@localhost ~ ]#lsattr file
----i----------file
```

8.5　文件所有者

文件和目录的创建者即所有者，具有文件和目录的所有权，可以进行任何操作。所有权可以转移给别的用户，即修改文件和目录的所有者。文件和目录的所属组群也可以修改。

8.5.1　chown: 设置文件所有者和所属组群

chown(change owner)用于设置文件或目录的所有者和所属组群。设置方式采用用户名(组群名)或用户识别码(组群识别码)皆可。

```
chown [选项] [所有者.所属组群] [文件或目录]
```

chown 命令的常用选项及其含义见表 8.9。

表 8.9 chown 命令的常用选项及其含义

选 项	含 义
-R	递归处理，将指定目录下的所有文件及子目录一并处理
--reference=＜参考文件或目录＞	把指定文件或目录的所有者与所属组群全部设成和参考文件或目录的所有者与所属组群相同

【例 8.14】 设置文件 file 的所有者和所属组群为 test。

```
[root@localhost ~ ]#touch file
[root@localhost ~ ]#ls -l file
-rw-r--r--. 1 root root 0 Oct 15 16:33 file
[root@localhost ~ ]#chown test.test file
[root@localhost ~ ]#ls -l file
-rw-r--r--. 1 test test 0 Oct 15 16:33 file
```

【例8.15】 设置目录dir1及其子目录dir2和文件file3的所有者和所属组群为test。

```
[root@localhost ~ ]#mkdir -p dir1/dir2
[root@localhost ~ ]#touch dir1/file3
[root@localhost ~ ]#chown -R test.test dir1
[root@localhost ~ ]#ls -ld dir1
drwxr-xr-x. 3 test test 31 Oct 15 16:36 dir1
[root@localhost ~ ]#ls -ld dir1/dir2
drwxr-xr-x. 2 test test 6 Oct 15 16:36 dir1/dir2
[root@localhost ~ ]#ls -l dir1/file3
-rw-r--r--. 1 test test 0 Oct 15 16:36 dir1/file3
```

8.5.2 chgrp：设置文件所属组群

chgrp(change group)用于设置文件或目录的所属组群。设置方式采用组群名或组群识别码皆可。chgrp的语法格式为

```
chgrp［选项］［所属组群］［文件或目录］
```

chgrp命令的常用选项及其含义见表8.10。

表8.10 chgrp命令的常用选项及其含义

选　　项	含　　义
-R	递归处理，将指定目录下的所有文件及子目录一并处理
--reference＝<参考文件或目录>	把指定文件或目录的所属组群全部设成和参考文件或目录的所属组群相同

【例8.16】 设置文件file的所属组群为test。

```
[root@localhost ~ ]#touch file
[root@localhost ~ ]#chgrp test file
[root@localhost ~ ]#ls -l file
-rw-r--r--. 1 root test 0 Oct 15 16:39 file
```

8.6 项目实践 权限和所有者管理

项目说明

本项目重点学习权限和所有者管理。通过本项目的学习，将会获得以下两方面的学习成果。

(1) 权限和所有者管理。

(2) 权限掩码和文件属性。

任务1　文件权限的管理

任务要求

(1) 文件权限修改。
(2) 文件所有权修改。

任务步骤

步骤1：创建文件1。

创建2个文件，文件名分别为"学号姓名拼音首字母11～12"，并查看它们的详细信息，如图8.1所示。

```
-rw-r--r--. 1 root root 0 Oct 16 10:52 1234567890name11
-rw-r--r--. 1 root root 0 Oct 16 10:52 1234567890name12
```

图8.1　查看详细信息(1)

步骤2：修改文件权限。

使用命令chmod修改步骤1所创建的2个文件的权限。具体要求见表8.11。结果如图8.2所示。

表8.11　修改文件权限要求

文 件	所 有 者	所 属 组 群	其 他 用 户	方 法
文件11	读、写、执行	读、写、执行		文字法
文件12	读、写、执行、SUID	读、写、SGID	Sticky	数字法

```
-rwxrwx---. 1 root root 0 Oct 16 10:52 1234567890name11
-rwsrwS--T. 1 root root 0 Oct 16 10:52 1234567890name12
```

图8.2　修改文件权限

步骤3：创建文件2。

创建名为"学号姓名拼音首字母"的用户1。

创建2个文件，文件名分别为"学号姓名拼音首字母21～22"，并查看它们的详细信息，如图8.3所示。

```
-rw-r--r--. 1 root root 0 Oct 16 10:54 1234567890name21
-rw-r--r--. 1 root root 0 Oct 16 10:54 1234567890name22
```

图8.3　查看详细信息(2)

步骤4：修改文件所有者和所属组群。

使用命令chown修改步骤3所创建的2个文件的所有者和所属组群。具体要求见表8.12。结果如图8.4所示。

表8.12　修改文件所有者和所属组群要求

文 件	所有者	所属组群
文件1	用户1	root
文件2	root	用户1

```
-rw-r--r--. 1 1234567890name1 root              0 Oct 16 10:54 1234567890name21
-rw-r--r--. 1 root            1234567890name1 0 Oct 16 10:54 1234567890name22
```

图 8.4　修改文件所有者和所属组群

任务 2　权限掩码和文件属性

任务要求

(1) 权限掩码修改。
(2) 文件属性修改。

任务步骤

步骤 1：权限掩码修改。

创建名为"学号姓名拼音首字母"的用户 2。登录用户 2，使用命令 umask 以数字法修改权限掩码，使得默认权限如表 8.13 所示，并以文字法显示权限掩码，如图 8.5 所示。

表 8.13　默认权限

项　目	默 认 权 限
文件	rw-rw-rw-
目录	rwxrwxrwx

```
u=rwx,g=rwx,o=rwx
```

图 8.5　权限掩码修改

步骤 2：文件属性修改。

创建文件，文件名为"学号姓名拼音首字母 31"。增加文件属性，使其不能被删除和更改数据，并查看该文件属性，如图 8.6 所示。

```
----i---------- 1234567890name31
```

图 8.6　文件属性修改

8.7　本 章 小 结

在 Linux 中，用户对每一个文件或目录都具有访问权限。这些权限决定了谁可以访问，以及如何访问文件和目录。权限范围包括文件的所有者、所属组群和其他用户。

只有系统管理员和所有者才可以修改文件或目录的权限。符号链接文件的权限无法修改，如果修改符号链接文件的权限，会作用在被链接的原始文件。

权限掩码是用于指定创建文件或者目录的权限默认值，由 4 位八进制数字组成（第 1 位是特殊权限），表示的是要移除的权限。

Linux 中的文件除了具备一般权限和特殊权限之外，还有一种隐藏权限，也称为文件属性。

文件和目录的创建者即所有者，具有文件和目录的所有权，可以进行任何操作。所有权可以转移给别的用户，即修改文件和目录的所有者。文件和目录的所属组群也可以修改。

本章主要学习 Linux 的磁盘分区、创建文件系统、挂载和卸载文件系统、查看文件系统、自动挂载文件系统、维护文件系统、交换空间。

本章的学习目标如下。

(1) 磁盘分区：掌握磁盘分区。

(2) 创建文件系统：了解文件系统；掌握创建文件系统。

(3) 挂载和卸载文件系统：掌握挂载和卸载文件系统。

(4) 查看文件系统：掌握查看文件系统的命令和文件(mount -s、/etc/mtab、df、du)。

(5) 自动挂载文件系统：掌握自动挂载文件系统。

(6) 维护文件系统：了解维护文件系统(EXT2/3/4、FAT、XFS)。

(7) 交换空间：理解交换空间；掌握查看交换空间、交换分区/文件的创建/启用/禁用。

9.1 磁 盘 分 区

在安装 Linux 时,可以对磁盘进行分区。本节主要学习在安装 Linux 后进行分区。

9.1.1 磁盘分区简介

1. 磁盘分区操作

磁盘分区是对磁盘的逻辑划分。将磁盘划分成多个分区,不仅方便对文件的管理,而且可以在单个磁盘上安装多个操作系统。

2. 分区类型

磁盘分区表有 2 种：MBR(master boot record,主引导记录)和 GPT(GUID partition table,全局唯一标识分区表)。

MBR 分区表一共有 3 种分区类型：主分区(primary partition)、扩展分区(extended partition)和逻辑分区/驱动器(logical partition/drive)。只有主分区和逻辑分区才能存储数据。逻辑分区只能存在于扩展分区中。每个分区最大容量为 2TB,分区类型的数量见表 9.1。

表 9.1　MBR 分区表的分区类型的数量限制

分 区 类 型	数 量 限 制	分 区 类 型	数 量 限 制
主分区	≤4	主分区 + 扩展分区	≤ 4
扩展分区	≤1	逻辑分区	不限

GPT 分区表没有分区类型之分,每个分区最大容量为 18EB,支持最多 128 个分区。

9.1.2 磁盘分区命令

fdisk 用于磁盘分区,也能为每个分区指定文件系统。其语法格式为

```
fdisk [选项] [设备]
```

fdisk 命令的常用选项及其含义见表9.2。

表 9.2   fdisk 命令的常用选项及其含义

选 项	含 义
-l	显示磁盘分区信息

说明:

(1) 一般要在单用户状态进行磁盘分区。

(2) 如果磁盘正在使用中,则要重新启动系统后新分区表才能生效,也可强制重新读取分区表使其生效。

1. 进入 fdisk 并指定设备为全新磁盘

```
[root@localhost ~ ]#fdisk /dev/sdb
Welcome to fdisk (util-linux 2.23.2).


Changes will remain in memory only, until you decide to write them.
// 更改将停留在内存中,直到决定将更改写入磁盘分区表
Be careful before using the write command.
// 使用写入命令前请三思


Device does not contain a recognized partition table
// 因为是全新磁盘,所以不包含可识别的磁盘分区表
Building a new DOS disklabel with disk identifier 0xeedd1c40.
// 创建新的 DOS 磁盘标签和磁盘标识符


Command (m for help):
// 输入 m 获取帮助
```

进入 fdisk 并指定设备为第 1 块磁盘。

```
[root@localhost ~ ]#fdisk /dev/sda
Welcome to fdisk (util-linux 2.23.2).

Changes will remain in memory only, until you decide to write them.
Be careful before using the write command.


Command (m for help):
```

2. 列出 fdisk 的所有子命令

```
Command (m for help): m
Command action
    a    toggle a bootable flag
    b    edit bsd disklabel
    c    toggle the dos compatibility flag
    d    delete a partition
    g    create a new empty GPT partition table
    G    create an IRIX (SGI) partition table
    l    list known partition types
    m    print this menu
    n    add a new partition
    o    create a new empty DOS partition table
    p    print the partition table
    q    quit without saving changes
    s    create a new empty Sun disklabel
    t    change a partition's system id
    u    change display/entry units
    v    verify the partition table
    w    write table to disk and exit
    x    extra functionality (experts only)
```

fdisk 常用子命令及其含义见表 9.3。

表 9.3 fdisk 常用子命令及其含义

子 命 令	含 义
m(manual)	显示所有子命令和作用(帮助)
p(print)	显示磁盘分区信息
n(new)	创建分区
d(delete)	删除分区
p(primary)	创建主分区(创建分区的子命令)
e(extended)	创建扩展分区(创建分区的子命令)
a(active)	设置启动分区(活动分区)
t(toggle)	更改分区的文件系统
w(write)	保存分区更改结果,退出 fdisk
q(quit)	不保存分区更改结果,退出 fdisk

3. 显示分区信息

```
Command (m for help): p

Disk /dev/sda: 42.9 GB, 42949672960 bytes, 83886080 sectors
// 此处显示的容量是以 10³ 为换算单位,而不是 2¹⁰
Units =sectors of 1 *  512 =512 bytes
Sector size (logical/physical): 512 bytes / 512 bytes
// 扇区大小(逻辑/物理)
```

```
I/O size (minimum/optimal): 512 bytes / 512 bytes
// I/O 大小(最小/最佳)
Disk label type: dos
// 磁盘标签类型
Disk identifier: 0x000ae2f1
// 磁盘标识符

   Device Boot      Start        End       Blocks   Id  System
/dev/sda1   *        2048    2099199     1048576   83  Linux
/dev/sda2         2099200   23070719    10485760   83  Linux
/dev/sda3        23070720   27265023     2097152   82  Linux swap / Solaris
```

磁盘分区信息字段及其含义见表 9.4。

表 9.4　磁盘分区信息字段及其含义

字　　段	含　　义
Device	磁盘分区设备名
Boot	标记"＊"表示该分区是引导分区；一个磁盘只能有一个引导分区
Start	分区的起始扇区
End	分区的结束扇区
Blocks	分区容量,单位是块(Block),一个块大小默认是 1KB
Id	分区类型,用 2 位十六进制数表示
System	分区类型

$$块数(blocks)＝(结束扇区－起始扇区＋1)×扇区大小/块大小$$

4. 创建主分区

创建分区时,需要指定起始扇区和结束扇区。起始扇区一般采用默认值即可,结束扇区除了采用默认值,还可用以下方法,见表 9.5。

表 9.5　指定结束扇区方法的格式及其含义

格　　式	含　　义
＋sectors	使用结束扇区,最大不能超过默认值
＋size{K,M,G}	使用容量

```
Command (m for help): n
Partition type:
   p    primary (3 primary, 0 extended, 1 free)
   e    extended
// p 是主分区;e 是扩展分区
// 该磁盘已有 3 个主分区,0 个扩展分区,剩余 1 个主/扩展分区名额
Select (default e): p
Selected partition 4
// 分区 1~ 3 已创建,只能选择分区 4
First sector (27265024-83886079, default 27265024):
Using default value 27265024
// 起始扇区,按 Enter 键使用默认值
```

Last sector，+ sectors or + size{K,M,G} (27265024 -83886079，default 83886079)：+ 10G
// 结束扇区，输入扇区数或大小(K、M、G)，这里输入"+ 10G"，即分区大小为10GB
Partition 4 of type Linux and of size 10 GiB is set
// 分区 4 已设置为 Linux 类型，大小设为 10 GiB

Command (m for help)：p

Disk /dev/sda: 42.9 GB, 42949672960 bytes, 83886080 sectors
Units = sectors of 1 * 512 = 512 bytes
Sector size (logical/physical): 512 bytes / 512 bytes
I/O size (minimum/optimal): 512 bytes / 512 bytes
Disk label type: dos
Disk identifier: 0x000ae2f1

Device Boot   Start   End   Blocks Id System
/dev/sda1 *   2048   2099199   1048576 83 Linux
/dev/sda2   2099200   23070719   10485760 83 Linux
/dev/sda3   23070720   27265023   2097152 82 Linux swap / Solaris
/dev/sda4   27265024   48236543   10485760 83 Linux
// 查看分区信息，创建的主分区为/dev/sda4

Command (m for help)：n
If you want to create more than four partitions, you must replace a
primary partition with an extended partition first.
// 因为 MBR 只能支持最多 4 个主分区或者 3 个主分区+ 1 个扩展分区
// 所以要创建多于 4 个分区，则首先必须用扩展分区代替一个主分区

5. 删除分区

Command (m for help)：d
Partition number (1-4, default 4)：
// 输入分区号，默认删除分区的分区号为 4
Partition 4 is deleted

Command (m for help)：p

Disk /dev/sda: 42.9 GB, 42949672960 bytes, 83886080 sectors
Units = sectors of 1 * 512 = 512 bytes
Sector size (logical/physical): 512 bytes / 512 bytes
I/O size (minimum/optimal): 512 bytes / 512 bytes
Disk label type: dos
Disk identifier: 0x000ae2f1

   Device Boot   Start   End   Blocks Id System
/dev/sda1   *   2048   2099199   1048576 83 Linux
/dev/sda2   2099200   23070719   10485760 83 Linux
/dev/sda3   23070720   27265023   2097152 82 Linux swap / Solaris
// 分区 4 已被删除

6. 创建扩展分区

```
Command（m for help）: n
Partition type:
   p     primary (3 primary, 0 extended, 1 free)
   e     extended
Select（default e）: e
Selected partition 4
First sector (27265024-83886079, default 27265024):
Using default value 27265024
Last sector, + sectors or + size{K,M,G} (27265024-83886079, default 83886079):
// 扩展分区的结束扇区一般使用默认值，即使用全部剩余空间
Using default value 83886079
Partition 4 of type Extended and of size 27 GiB is set
// 分区 4 已设置为 Extended 类型，大小设为 27 GiB

Command（m for help）: p

Disk /dev/sda: 42.9 GB, 42949672960 bytes, 83886080 sectors
Units =  sectors of 1 *  512 =  512 bytes
Sector size (logical/physical): 512 bytes / 512 bytes
I/O size (minimum/optimal): 512 bytes / 512 bytes
Disk label type: dos
Disk identifier: 0x000ae2f1

   Device Boot      Start        End       Blocks   Id  System
/dev/sda1   *        2048     2099199     1048576   83  Linux
/dev/sda2         2099200    23070719    10485760   83  Linux
/dev/sda3        23070720    27265023     2097152   82  Linux swap / Solaris
/dev/sda4        27265024    83886079    28310528    5  Extended
// 查看分区信息，创建的扩展分区为/dev/sda4
```

7. 创建逻辑分区

```
Command（m for help）: n
All primary partitions are in use
// 所有主分区在使用中
Adding logical partition 5
// 添加逻辑分区 5
First sector (27267072-83886079, default 27267072):
Using default value 27267072
Last sector, + sectors or + size{K,M,G} (27267072 -83886079, default 83886079): + 10G
Partition 5 of type Linux and of size 10 GiB is set

Command（m for help）: n
All primary partitions are in use
Adding logical partition 6
First sector (48240640-83886079, default 48240640):
Using default value 48240640
Last sector, + sectors or + size{K,M,G} (48240640-83886079, default 83886079):
Using default value 83886079
Partition 6 of type Linux and of size 17 GiB is set
```

```
Command (m for help): p

Disk /dev/sda: 42.9 GB, 42949672960 bytes, 83886080 sectors
Units = sectors of 1 * 512 = 512 bytes
Sector size (logical/physical): 512 bytes / 512 bytes
I/O size (minimum/optimal): 512 bytes / 512 bytes
Disk label type: dos
Disk identifier: 0x000ae2f1

   Device Boot      Start         End      Blocks   Id  System
/dev/sda1   *        2048     2099199     1048576   83  Linux
/dev/sda2         2099200    23070719    10485760   83  Linux
/dev/sda3        23070720    27265023     2097152   82  Linux swap / Solaris
/dev/sda4        27265024    83886079    28310528    5  Extended
/dev/sda5        27267072    48238591    10485760   83  Linux
/dev/sda6        48240640    83886079    17822720   83  Linux
// 查看分区信息,创建的逻辑分区分别为 /dev/sda5 和 /dev/sda6
```

8. 查看支持的分区类型

Linux 支持的分区类型很多,可以输入 fdisk 的子命令 l 查看。

```
Command (m for help): l

 0  Empty           24  NEC DOS         81  Minix / old Lin  bf  Solaris
 1  FAT12           27  Hidden NTFS Win 82  Linux swap / So  c1  DRDOS/sec (FAT-
 2  XENIX root      39  Plan 9          83  Linux            c4  DRDOS/sec (FAT-
 3  XENIX usr       3c  PartitionMagic  84  OS/2 hidden C:   c6  DRDOS/sec (FAT-
 4  FAT16 < 32M     40  Venix 80286     85  Linux extended   c7  Syrinx
 5  Extended        41  PPC PReP Boot   86  NTFS volume set  da  Non- FS data
 6  FAT16           42  SFS             87  NTFS volume set  db  CP/M / CTOS / .
 7  HPFS/NTFS/exFAT 4d  QNX4.x          88  Linux plaintext  de  Dell Utility
 8  AIX             4e  QNX4.x 2nd part 8e  Linux LVM        df  BootIt
 9  AIX bootable    4f  QNX4.x 3rd part 93  Amoeba           e1  DOS access
 a  OS/2 Boot Manag 50  OnTrack DM      94  Amoeba BBT       e3  DOS R/O
 b  W95 FAT32       51  OnTrack DM6 Aux 9f  BSD/OS           e4  SpeedStor
 c  W95 FAT32 (LBA) 52  CP/M            a0  IBM Thinkpad hi  eb  BeOS fs
 e  W95 FAT16 (LBA) 53  OnTrack DM6 Aux a5  FreeBSD          ee  GPT
 f  W95 Ext'd (LBA) 54  OnTrackDM6      a6  OpenBSD          ef  EFI (FAT-12/16/
10  OPUS            55  EZ-Drive        a7  NeXTSTEP         f0  Linux/PA-RISC b
11  Hidden FAT12    56  Golden Bow      a8  Darwin UFS       f1  SpeedStor
12  Compaq diagnost 5c  Priam Edisk     a9  NetBSD           f4  SpeedStor
14  Hidden FAT16 < 3 61  SpeedStor      ab  Darwin boot      f2  DOS secondary
16  Hidden FAT16    63  GNU HURD or Sys af  HFS / HFS+       fb  VMware VMFS
17  Hidden HPFS/NTF 64  Novell Netware  b7  BSDI fs          fc  VMware VMKCORE
18  AST SmartSleep  65  Novell Netware  b8  BSDI swap        fd  Linux raid auto
1b  Hidden W95 FAT3 70  DiskSecure Mult bb  Boot Wizard hid  fe  LANstep
1c  Hidden W95 FAT3 75  PC/IX           be  Solaris boot     ff  BBT
1e  Hidden W95 FAT1 80  Old Minix
```

9. 更改分区类型

将逻辑分区/dev/sda6 的分区类型更改为"W95 FAT32（LBA）"。

```
Command（m for help）：t
Partition number (1-6, default 6)：
Hex code（type L to list all codes）：c

WARNING: If you have created or modified any DOS 6.xpartitions, please see the fdisk
manual page for additionalinformation.

Changed type of partition 'Empty' to 'W95 FAT32 (LBA)'
// 已将分区 Linux 的类型更改为 W95 FAT32 (LBA)

Command（m for help）：p

Disk /dev/sda: 42.9 GB, 42949672960 bytes, 83886080 sectors
Units =  sectors of 1 * 512 =  512 bytes
Sector size (logical/physical): 512 bytes / 512 bytes
I/O size (minimum/optimal): 512 bytes / 512 bytes
Disk label type: dos
Disk identifier: 0x000ae2f1

   Device Boot      Start        End     Blocks   Id  System
/dev/sda1   *        2048    2099199    1048576   83  Linux
/dev/sda2         2099200   23070719   10485760   83  Linux
/dev/sda3        23070720   27265023    2097152   82  Linux swap / Solaris
/dev/sda4        27265024   83886079   28310528    5  Extended
/dev/sda5        27267072   48238591   10485760   83  Linux
/dev/sda6        48240640   83886079   17822720    c  W95 FAT32 (LBA)
// 查看分区信息，逻辑分区/dev/sda6 的分区类型已经更改为 W95 FAT32 (LBA)
```

10. 写入分区表到磁盘并退出 fdisk

```
Command（m for help）：w
The partition table has been altered!
// 分区表已被更改

Calling ioctl() to re-read partition table.
// 调用函数 ioctl()重读分区表

WARNING: Re-reading the partition table failed with error 16: Device or resource
busy.
// 警告：重读分区表失败，错误代码 16：设备或资源忙
The kernel still uses the old table. The new table will be used at
the next reboot or after you run partprobe(8) or kpartx(8)
// 内核继续使用旧的分区表
// 新的分区表将在下次重新启动或者运行 partprobe 或 kpartx 命令后使用
Syncing disks.
```

11. 在非交互式界面下显示分区信息

```
[root@localhost ~ ]#fdisk -l /dev/sda

Disk /dev/sda: 42.9 GB, 42949672960 bytes, 83886080 sectors
Units = sectors of 1 * 512 = 512 bytes
Sector size (logical/physical): 512 bytes / 512 bytes
I/O size (minimum/optimal): 512 bytes / 512 bytes
Disk label type: dos
Disk identifier: 0x000ae2f1


   Device Boot      Start         End      Blocks   Id  System
/dev/sda1   *        2048     2099199     1048576   83  Linux
/dev/sda2         2099200    23070719    10485760   83  Linux
/dev/sda3        23070720    27265023     2097152   82  Linux swap / Solaris
/dev/sda4        27265024    83886079    28310528    5  Extended
/dev/sda5        27267072    48238591    10485760   83  Linux
/dev/sda6        48240640    83886079    17822720    c  W95 FAT32 (LBA)
[root@localhost ~ ]#ls /dev/sda*
/dev/sda /dev/sda1 /dev/sda2 /dev/sda3
// 因为内核未使用新的分区表,所以创建的分区没有对应的设备文件
```

12. 立即使用新分区表

命令 partprobe 用于通知系统分区表已经更改,解决在用的磁盘进行分区后不能立即使用新分区表的问题。

```
[root@localhost ~ ]#partprobe
[root@localhost ~ ]#ls /dev/sda*
/dev/sda  /dev/sda1  /dev/sda2  /dev/sda3  /dev/sda4  /dev/sda5  /dev/sda6
// 因为内核已使用新的分区表,所以创建的分区已有对应的设备文件
```

9.2 创建文件系统

对磁盘进行分区后,还要为分区创建文件系统(格式化)才能使用。每个分区都是一个独立的文件系统,都有自己的目录层次结构。

9.2.1 文件系统简介

文件系统是指文件在磁盘上的存储方法。文件系统通过为每个文件分配块的方式把数据存储在磁盘中,这样就要维护每一个文件的块的分配信息,而分配信息也存储在磁盘上。

文件系统常用的块的分配策略有块分配和扩展分配两种。

块分配是当文件变大时,每一次都为这个文件分配刚好够用的块。

扩展分配是当文件变大时,一次性为它分配更多的块。

文件系统可分为以下三种类型。

（1）传统文件系统：EXT1/2、FAT（VFAT）、ISO 9660 等。传统性文件的特点是兼容性高；稳定性低；性能低；没有额外的功能，例如日志、审计等。

（2）日志文件系统：EXT3/4、ReiserFS、NTFS 等。日志文件系统的特点是稳定性高；性能高；具有额外的功能；兼容性较低，旧版系统不支持。

（3）网络文件系统：NFS、SMBFS 等。

9.2.2　Linux 文件系统

随着 Linux 的不断发展，它所支持的文件系统类型也在迅速扩充。查看当前版本的 Linux 支持的文件系统类型的方法如下：

```
[root@localhost ~ ]#ls /lib/modules/$(uname -r)/kernel/fs/
binfmt_misc.ko.xz  cifs     ext4     gfs2    mbcache.ko.xz  nls        udf
btrfs              cramfs   fat      isofs   nfs            overlayfs  xfs
cachefiles         dlm      fscache  jbd2    nfs_common     pstore
ceph               exofs    fuse     lockd   nfsd           squashfs
```

以下是 Linux 常用的文件系统类型。

1. EXT4

EXT4 是第四代扩展文件系统（fourth EXTended filesystem）。EXT4 的改进包括：文件系统容量达到 1EB，文件容量则达到 16TB，理论上支持无限数量的子目录，使用 64 位空间记录块数量和 inode 数量，增加日志校验功能，支持"无日志"模式、快速 fsck、纳秒级时间戳、在线碎片整理等。

2. XFS

XFS 是一种高性能的日志文件系统，最早于 1993 年由 Silicon Graphics 为他们的 IRIX 操作系统而开发，是 IRIX 5.3 的默认文件系统。2000 年 5 月，Silicon Graphics 以 GNU 通用公共许可证发布 XFS 的源代码。之后 XFS 被移植到 Linux 内核上。XFS 特别擅长处理大文件，同时提供平滑的数据传输。

9.2.3　创建文件系统

mkfs（make file system）用于在磁盘分区创建文件系统。mkfs 本身并不执行创建文件系统，而是去调用相关的程序（mkfs. xfs、mkfs. ext2/3/4、mkfs. vfat、mkfs. msdos）来执行。mkfs 的语法格式为

```
mkfs [选项] [设备]
```

mkfs 命令的常用选项及其含义见表 9.6。

表 9.6　mkfs 命令的常用选项及其含义

选　　项	含　　义
-t<文件系统类型>	指定文件系统类型

【例 9.1】 格式化分区/dev/sda5，创建文件系统 EXT4。

```
[root@localhost ~ ]#mkfs -t ext4 /dev/sda5
mke2fs 1.42.9 (28-Dec-2013)
Filesystem label=
OS type: Linux
Block size= 4096 (log= 2)
Fragment size= 4096 (log= 2)
Stride= 0 blocks, Stripe width= 0 blocks
655360 inodes, 2621440 blocks
131072 blocks (5.00% ) reserved for the super user
First data block= 0
Maximum filesystem blocks= 2151677952
80 block groups
32768 blocks per group, 32768 fragments per group
8192 inodes per group
Superblock backups stored on blocks:
    32768, 98304, 163840, 229376, 294912, 819200, 884736, 1605632

Allocating group tables: done
Writing inode tables: done
Creating journal (32768 blocks): done
Writing superblocks and filesystem accounting information: done
```

【例 9.2】 格式化分区/dev/sda6，创建文件系统 FAT32。

```
[root@localhost ~ ]#mkfs -t vfat /dev/sda6
// mkfs 调用 mkfs.fat
mkfs.fat 3.0.20 (12 Jun 2013)
```

9.3 挂载和卸载文件系统

磁盘分区创建文件系统后用于存储数据，必须进行挂载操作。磁盘分区不再使用时必须进行卸载操作。

9.3.1 挂载文件系统

挂载(mount)就是把磁盘分区与系统的某个目录建立联系，通过访问该目录来实现访问该磁盘分区。

mount 用于将磁盘分区、闪存盘、光盘、软盘等存储设备挂载到 Linux 的目录。挂载时需要确认文件系统的类型。mount 的语法格式为

```
mount [选项] [设备] [目录]
```

mount 命令的常用选项及其含义见表 9.7。

表 9.7　mount 命令的常用选项及其含义

选　　项	含　　义
-a	挂载文件/etc/fstab 中定义的所有文件系统
-t<文件系统类型>	指定文件系统类型,通常不必指定,mount 会自动选择正确的类型
-o<挂载选项>	指定挂载文件系统时的挂载选项

挂载选项及其含义见表 9.8。

表 9.8　挂载选项及其含义

挂载选项	含　　义
defaults	相当于 rw、suid、dev、exec、auto、nouser、async 挂载选项
async/sync	异步/同步模式读写文件
atime/noatime	在文件系统上更新/不更新 inode 访问时间
auto/noauto	允许/禁止使用-a 选项挂载
dev/nodev	允许/禁止在此文件系统上使用设备文件
exec/noexec	在挂载的文件系统上允许/禁止直接执行二进制文件
group	如果用户的其中一个组群匹配设备的组群,则允许其挂载该文件系统
owner	如果用户是设备的所有者,允许其挂载该文件系统
remount	尝试重新挂载一个已经挂载的文件系统
ro/rw	以只读/读写方式挂载
suid/nosuid	允许/禁止设置用户标识或设置组标识符位才能生效
user/nouser	允许/禁止普通用户挂载文件系统
users	允许每一位用户挂载和卸载文件系统

说明:

(1) 根必须挂载,而且要先于其他文件系统被挂载。

(2) 挂载目录必须为已有目录。

(3) 一个文件系统只能挂载在一个目录;一个目录只能挂载一个文件系统。

(4) 用来挂载的目录应该是空的,否则挂载文件系统后,目录原有的子目录和文件无法访问。

1. 挂载磁盘分区

【例 9.3】　以默认选项挂载磁盘分区/dev/sda5 到目录/mnt/sda5 中并测试。

```
[root@localhost ~ ]#mkdir /mnt/sda5
[root@localhost ~ ]#mount /dev/sda5 /mnt/sda5
[root@localhost ~ ]#touch /mnt/sda5/file
[root@localhost ~ ]#ls -l /mnt/sda5
total 16
-rw-r--r--. 1 root root     0 Oct 16 19:25 file
drwx------. 2 root root 16384 Oct 16 19:24 lost+found
```

【例 9.4】　以只读方式挂载磁盘分区/dev/sda6 到目录/mnt/sda6 中并测试。

```
[root@localhost ~ ]#mkdir /mnt/sda6
[root@localhost ~ ]#mount -o ro /dev/sda6 /mnt/sda6
[root@localhost ~ ]#touch /mnt/sda6/file
touch: cannot touch '/mnt/sda6/file': Read-only file system
// 只读文件系统,无法创建文件
[root@localhost ~ ]#ls -l /mnt/sda6
total 0
```

2. 挂载移动存储设备

Linux 在使用闪存盘、移动硬盘、光盘、软盘时,必须先挂载。

【例 9.5】 将光盘放入光驱,挂载光盘到目录/mnt/cdrom 中。

```
[root@localhost ~ ]#mkdir /mnt/cdrom
[root@localhost ~ ]#mount /dev/cdrom /mnt/cdrom
mount: /dev/sr0 is write-protected, mounting read-only
// 光盘写保护,以只读方式挂载
[root@localhost ~ ]#ls -l /mnt/cdrom
total 694
-rw-rw-r--. 2 root root     14 Apr 21 02:14 CentOS_BuildTag
drwxr-xr-x. 3 root root   2048 Apr 21 02:00 EFI
-rw-rw-r--. 3 root root    227 Aug 30 2017   EULA
// 以下省略
```

9.3.2 卸载文件系统

如果要卸载文件系统,工作目录要退出挂载目录。

umount 用于卸载文件系统,卸载后才能退出闪存盘、移动硬盘、光盘、软盘。其语法格式为

```
umount [选项] [设备/目录]
```

umount 命令的常用选项及其含义见表 9.9。

表 9.9 umount 命令的常用选项及其含义

选 项	含 义
-a	卸载/etc/mtab 中记录的所有文件系统
-f	强制卸载
-n	卸载时不要将信息存入/etc/mtab 文件中
-r	若无法成功卸载,则尝试以只读的方式重新挂入文件系统
-t<文件系统类型>	仅卸载指定类型的文件系统

【例 9.6】 以设备方式卸载磁盘分区/dev/sda5。

```
[root@localhost ~ ]#umount /dev/sda5
[root@localhost ~ ]#ls -l /mnt/sda5
total 0
// 卸载后已经看不到磁盘分区/dev/sda5 的文件
```

【例 9.7】 以目录方式卸载光盘。

```
[root@localhost ~ ]#umount /mnt/cdrom
[root@localhost ~ ]#ls -1 /mnt/cdrom
total 0
// 卸载后已经看不到光盘文件
```

9.4 查看文件系统

查看文件系统指的是查看磁盘分区的挂载情况、相关信息和使用情况等。

9.4.1 mount -s

命令 mount 加上选项"-s"可以查看系统中所有文件系统的挂载情况。

【例 9.8】 使用 mount 命令查看第 1 块磁盘的分区挂载情况。

```
[root@localhost ~ ]#mount -s | grep /dev/sda
/dev/sda2 on / type xfs (rw,relatime,seclabel,attr2,inode64,noquota)
/dev/sda1 on /boot type xfs (rw,relatime,seclabel,attr2,inode64,noquota)
/dev/sda6 on /mnt/sda6 type vfat (ro,relatime,fmask= 0022,dmask= 0022,codepage=
437,iocharset= ascii,shortname= mixed,errors= remount-ro)
```

9.4.2 /etc/mtab

文件/etc/mtab 存储了系统中所有文件系统的挂载情况。

【例 9.9】 通过/etc/mtab 文件查看第 1 块磁盘的分区挂载情况。

```
[root@localhost ~ ]#grep "/dev/sda" /etc/mtab
/dev/sda2 / xfs rw,seclabel,relatime,attr2,inode64,noquota 0 0
/dev/sda1 /boot xfs rw,seclabel,relatime,attr2,inode64,noquota 0 0
/dev/sda6 /mnt/sda6 vfat ro,relatime,fmask=0022,dmask=0022,codepage=437,
iocharset=ascii,shortname=mixed,errors=remount-ro 0 0
```

9.4.3 df: 显示磁盘的相关信息和使用情况

df(disk free)用于显示磁盘的相关信息和使用情况。其语法格式为

```
df [选项][文件]
```

df 命令的常用选项及其含义见表 9.10。

表 9.10 df 命令的常用选项及其含义

选　　项	含　　义
-a	显示全部文件系统
-l	显示本机文件系统
-h	以可读性较高的方式来显示信息

选　　项	含　　义
-H	与-h相同,但在计算时是以1000B为换算单位而非1024B
-i	显示inode的信息
-k	指定块大小为1024B
-m	指定块大小为1048576B
--sync	在取得磁盘使用信息前,先执行sync命令
---no-sync	在取得磁盘使用信息前,不要执行sync命令,此为默认值
-T	显示文件系统的类型
-t<文件系统类型>	显示指定文件系统类型的磁盘信息
-x<文件系统类型>	不显示指定文件系统类型的磁盘信息

【例9.10】 使用命令df以可读性较高的方式来查看文件系统的挂载和使用情况,并显示文件系统的类型。

```
[root@localhost ~ ]#df -hT
Filesystem   Type      Size  Used  Avail  Use%  Mounted on
devtmpfs     devtmpfs  975M     0   975M    0%  /dev
tmpfs        tmpfs     991M     0   991M    0%  /dev/shm
tmpfs        tmpfs     991M   11M   980M    2%  /run
tmpfs        tmpfs     991M     0   991M    0%  /sys/fs/cgroup
/dev/sda2    xfs        10G  3.9G   6.2G   39%  /
/dev/sda1    xfs      1014M  169M   846M   17%  /boot
tmpfs        tmpfs     199M   28K   199M    1%  /run/user/0
/dev/sda6    vfat       17G   16K    17G    1%  /mnt/sda6
/dev/sr0     iso9660   4.5G  4.5G      0  100%  /run/media/root/CentOS 7 x86_64
```

9.4.4　du: 显示目录或文件的大小

du(disk usage)用于显示目录或文件的大小。其语法格式为

```
du [选项][目录或文件]
```

du命令的常用选项及其含义见表9.11。

表9.11　du命令的常用选项及其含义

选项	含　　义
-a	显示目录中各个文件的大小
-b	显示目录或文件大小时,以字节为单位
-c	除了显示各个目录或文件的大小外,同时也显示所有目录或文件的总和
-h	以K、M、G为单位,提高信息的可读性
-H	与-h相同,但在计算时是以1000B为换算单位而非1024B
-s	仅显示总计

【例9.11】 显示当前目录下所有目录或文件的大小。

```
[root@localhost ~ ]#du
4  ./.cache/dconf
8  ./.cache/imsettings
0  ./.cache/libgweather
// 以下省略
```

【例 9.12】 以高可读性显示仅目录/boot 的总计大小。

```
[root@localhost ~ ]#du -hs /boot
137M  /boot
```

9.5 自动挂载文件系统

磁盘分区或者存储设备必须挂载才能使用,但是挂载在重新启动系统后会失效。修改文件/etc/fstab 可以自动挂载文件系统。

/etc/fstab 是系统启动时的配置文件,实际的文件系统挂载记录在/etc/mtab 与/proc/mounts 这两个文件中。改动文件系统的挂载,同时会更改这两个文件。

9.5.1 /etc/fstab

文件/etc/fstab 是一个文本文件。可以使用任何文本编辑器编辑该文件,只有 root 用户才可以编辑该文件。文件/etc/fstab 每一行都包含磁盘分区或者存储设备的信息,包括如何挂载以及挂载在什么目录下。

```
[root@localhost ~ ]#cat /etc/fstab

#
#/etc/fstab
#Created by anaconda on Tue Sep 8 00:22:17 2020
#
#Accessible filesystems, by reference, are maintained under '/dev/disk'
#See man pages fstab(5), findfs(8), mount(8) and/or blkid(8) for more info
#
UUID= 2a697410-6f07-411c-b14e-49caaf441c29 /          xfs    defaults    0 0
UUID= 759a446b-38b7-4611-a527-de40353580e6 /boot      xfs    defaults    0 0
UUID= c320ad68-0808-4310-88f1-42133c9d270c swap       swap   defaults    0 0
```

文件/etc/fstab 字段及其含义见表 9.12。

表 9.12 文件/etc/fstab 字段及其含义

字段	含 义
1	磁盘分区或存储设备,可以使用设备名、UUID、卷标来指定
2	挂载目录(挂载点)
3	文件系统类型
4	挂载选项
5	转储选项 dump 用于检查文件系统是否需要备份:0 是不需要
6	文件系统检查选项 fsck 用于决定何种顺序检查文件系统:0 是不检查

9.5.2 文件系统的自动挂载

修改文件/etc/fstab 并重新启动系统后,文件系统将会自动挂载。自动挂载时指定设备有设备名、UUID、卷标 3 种方式。

1. 设备名

【例 9.13】 以设备名方式将磁盘分区/dev/sda5 自动挂载到/mnt/sda5。

```
/dev/sda5                    /mnt/sda5      ext4   defaults       0 0
```

2. UUID

UUID(universally unique identifier,通用唯一识别码)是一种软件建构的标准,也是开放软件基金会组织在分布式计算环境领域的一部分,其目的是让分布式系统中的所有元素都能有唯一的辨识信息,而不需要通过控制节点来指定。

查看磁盘分区的 UUID。

```
[root@localhost ~ ]#ls -l /dev/disk/by-uuid
total 0
lrwxrwxrwx. 1 root root 9 Oct 16 19:59 2020-04-22-00-54-00-00 - > ../../sr0
lrwxrwxrwx. 1 root root 10 Oct 16 19:23 2a697410-6f07-411c-b14e-49caaf441c29 - > ../
../sda2
lrwxrwxrwx. 1 root root 10 Oct 16 19:24 30A7-910B - > ../..sda6
lrwxrwxrwx. 1 root root 10 Oct 16 19:23 759a446b-38b7-4611-a527-de40353580e6 - > ../
..sda1
lrwxrwxrwx. 1 root root 10 Oct 16 19:23 c320ad68-0808-4310-88f1-42133c9d270c ->
../..sda3
lrwxrwxrwx. 1 root root 10 Oct 16 19:57 f80f988d-ebc5-42f2-b44e-f8944c923de3 - > ../
..sda5
```

【例 9.14】 以 UUID 方式将磁盘分区/dev/sda6 自动挂载到/mnt/sda6。

```
UUID= 30A7-910B                /mnt/sda6      vfat   defaults       0 0
```

3. 卷标

卷标相当于磁盘分区的名称。给磁盘分区设置卷标,一是方便识别,二是可以在文件/etc/fstab 中使用"LABEL＝labelname"来挂载分区。不同文件系统的卷标操作命令是不一样的。

(1) EXT2/3/4

e2label 用于管理文件系统为 EXT2/3/4 的磁盘分区的卷标。其语法格式为

```
e2label [设备] [新卷标]
```

【例 9.15】 设置文件系统为 EXT4 的磁盘分区/dev/sda5 的卷标为 sda5ext4 并查看其卷标。

```
[root@localhost ~ ]#e2label /dev/sda5 sda5ext4
[root@localhost ~ ]#e2label /dev/sda5
sda5ext4
```

【例 9.16】 以卷标方式将磁盘分区/dev/sda5 自动挂载到/mnt/sda5。

```
LABEL=sda5ext4              /mnt/sda5      ext4    defaults      0 0
```

(2) XFS

xfs_admin用于管理文件系统为 XFS 的磁盘分区,包括卷标。其语法格式为

```
xfs_admin[选项][-L 卷标][-U uuid][设备]
```

xfs_admin 命令的常用选项及其含义见表 9.13。

表 9.13   xfs_admin 命令的常用选项及其含义

选项	含　义
-L	设置设备的卷标
-l	列出设备的卷标
-U	设置设备的 UUID
-u	列出设备的 UUID

【例 9.17】 将磁盘分区/dev/sda5 的文件系统转换为 xfs,设置卷标为 sda5xfs 并查看其卷标,以卷标方式将磁盘分区/dev/sda5 自动挂载到/mnt/sda5。

```
[root@localhost ~ ]#mkfs.xfs -f /dev/sda5
// 因为磁盘分区的原文件系统为 ext4,所以加上选项"-f"强制指定新的文件系统
meta-data=/dev/sda5                 isize=512      agcount=4, agsize=655360 blks
         =                          sectsz=512     attr=2, projid32bit=1
         =                          crc=1          finobt=0, sparse=0
data     =                          bsize=4096     blocks=2621440, imaxpct=25
         =                          sunit=0        swidth=0 blks
naming   =version 2                 bsize=4096     ascii-ci=0 ftype=1
log      =internal log              bsize=4096     blocks=2560, version=2
         =                          sectsz=512     sunit=0 blks, lazy-count=1
realtime =none                      extsz=4096     blocks=0, rtextents=0
[root@localhost ~ ]#xfs_admin -L  sda5xfs /dev/sda5
writing all SBs
new label ="sda5xfs"
[root@localhost ~ ]#xfs_admin -l  /dev/sda5
label ="sda5xfs"
[root@localhost ~ ]#vi /etc/fstab
LABEL=sda5xfs               /mnt/sda5      xfs     defaults      0 0
```

9.6　维护文件系统

由于磁盘分区默认以异步方式挂载使用,所以遇到不正确卸载、断电或者死机时,可能会导致数据无法及时写回磁盘分区或磁盘分区出错。这时就需要检查并修复文件系统。检查和修复的操作只有在文件系统有问题时才进行,否则会缩短磁盘的使用寿命。检查和修复时要分区卸载后才能进行。

9.6.1　检查 EXT2/3/4 和 FAT 文件系统

fsck(file system check)用于检查 EXT2/3/4 和 FAT 文件系统并尝试修复错误。其语法格式为

```
fsck [选项] [设备]
```

fsck 命令的常用选项及其含义见表 9.14。

表 9.14　fsck 命令的常用选项含义

选　　项	含　　义
-a	自动修复文件系统,不询问任何问题
-A	依照文件/etc/fstab 的内容,检查所列的全部文件系统
-r	在执行修复时询问问题,让用户得以确认并决定处理方式
-t＜文件系统类型＞	指定要检查的文件系统类型
-T	执行 fsck 指令时,不显示标题信息

【例 9.18】　检查文件系统为 FAT 的磁盘分区/dev/sda6 的文件系统。

```
[root@localhost ~ ]#umount /dev/sda6
[root@localhost ~ ]#fsck /dev/sda6
fsck from util-linux 2.23.2
fsck.fat 3.0.20 (12 Jun 2013)
/dev/sda6: 0 files, 1/1113375 clusters
```

9.6.2　检查 XFS 文件系统

xfs_repair 用于检查 XFS 文件系统并尝试修复错误。其语法格式为

```
xfs_repair [选项] [设备]
```

xfs_repair 命令的常用选项及其含义见表 9.15。

表 9.15　xfs_repair 命令的常用选项及其含义

选项	含　　义
-d	在单人维护模式底下,针对根目录进行检查与修复
-L	清除日志
-n	单纯检查并不修改文件系统的任何数据

【例 9.19】 检查文件系统为 XFS 的磁盘分区/dev/sda5 的文件系统。

```
[root@localhost ~ ]#umount /dev/sda5
[root@localhost ~ ]#xfs_repair /dev/sda5
Phase 1 -find and verify superblock...
Phase 2 -using internal log
        -zero log...
        -scan filesystem freespace and inode maps...
        -found root inode chunk
Phase 3 -for each AG...
        -scan and clear agi unlinked lists...
        -process known inodes and perform inode discovery...
        -agno =0
        -agno =1
        -agno =2
        -agno =3
        -process newly discovered inodes...
Phase 4 -check for duplicate blocks...
        -setting up duplicate extent list...
        -check for inodes claiming duplicate blocks...
        -agno =0
        -agno =1
        -agno =2
        -agno =3
Phase 5 -rebuild AG headers and trees...
        -reset superblock...
Phase 6 -check inode connectivity...
        -resetting contents of realtime bitmap and summary inodes
        -traversing filesystem ...
        -traversal finished...
        -moving disconnected inodes to lost+found ...
Phase 7 -verify and correct link counts...
done
```

9.7　交　换　空　间

　　交换空间包括交换分区和交换文件。如果系统需要更多的内存资源,而物理内存已经用完,内存中不活跃的页就会被转移到交换空间中。交换空间位于磁盘驱动器上,读写速度比物理内存慢,所以如果物理内存不足导致经常使用交换空间会拖慢系统的运行效率。

　　在安装 Linux 后如果需要添加更多的交换空间,可以通过添加交换分区(推荐)或交换文件实现。交换空间的总大小一般为物理内存的 1～2 倍。

9.7.1　查看交换空间

　　free 用于查看系统的物理内存和交换空间的总量,以及已使用的、空闲的、共享的、在内核缓冲内的和被缓存的内存数量。其语法格式为

```
free [选项] [-s <间隔秒数>]
```

free 命令的常用选项及其含义见表 9.16。

表 9.16 free 命令的常用选项及其含义

选项	含 义
-h	以可读性较高的方式来显示信息

【例 9.20】 以可读性较高的方式显示系统的物理内存和交换空间的大小。

```
[root@localhost ~ ]#free -h
             total       used       free     shared  buff/cache   available
Mem:          1.9G       666M       751M        18M        562M        1.1G
Swap:         2.0G         0B       2.0G
```

9.7.2 交换分区

如果磁盘还有空间可以创建新的分区,那么可以通过交换分区来扩展交换空间。交换分区是位于磁盘上的单独分区,分区类型为 Linux swap/Solaris,不能直接访问。

1. 启用交换分区

(1) 创建磁盘分区/dev/sda4,分区类型更改为 Linux swap/Solaris。

```
[root@localhost ~ ]#fdisk /dev/sda
Welcome to fdisk (util-linux 2.23.2).

Changes will remain in memory only, until you decide to write them.
Be careful before using the write command.


Command (m for help): n
Partition type:
   p    primary (3 primary, 0 extended, 1 free)
   e    extended
Select (default e): p
Selected partition 4
First sector (27265024-83886079, default 27265024):
Using default value 27265024
Last sector, + sectors or + size{K,M,G} (27265024 -83886079, default 83886079): + 2G
Partition 4 of type Linux and of size 2 GiB is set

Command (m for help): t
Partition number (1-4, default 4):
Hex code (type L to list all codes): 82
Changed type of partition 'Linux' to 'Linux swap / Solaris'
// 磁盘分区/dev/sda4 的分区类型更改为 Linux swap / Solaris

Command (m for help): w
The partition table has been altered!

Calling ioctl() to re-read partition table.
```

```
WARNING: Re-reading the partition table failed with error 16: Device or resource
busy.
The kernel still uses the old table. The new table will be used at
the next reboot or after you run partprobe(8) or kpartx(8)
Syncing disks.
[root@localhost ~ ]#fdisk -l /dev/sda

Disk /dev/sda: 42.9 GB, 42949672960 bytes, 83886080 sectors
Units = sectors of 1 * 512 = 512 bytes
Sector size (logical/physical): 512 bytes / 512 bytes
I/O size (minimum/optimal): 512 bytes / 512 bytes
Disk label type: dos
Disk identifier: 0x000ae2f1

   Device Boot             Start        End    Blocks  Id  System
/dev/sda1   *              2048    2099199   1048576  83  Linux
/dev/sda2               2099200   23070719  10485760  83  Linux
/dev/sda3              23070720   27265023   2097152  82  Linux swap / Solaris
/dev/sda4              27265024   31459327   2097152  82  Linux swap / Solaris
[root@localhost ~ ]#partprobe
```

（2）创建交换分区。

mkswap 用于创建交换分区。其语法格式为

```
mkswap［选项］［设备］
```

mkswap 命令的常用选项及其含义见表 9.17。

表 9.17　mkswap 命令的常用选项及其含义

选项	含　义
-c	创建交换分区之前检测坏块

将分区/dev/sda4 创建为交换分区。

```
[root@localhost ~ ]#mkswap /dev/sda4
Setting up swapspace version 1, size = 2097148 KiB
no label, UUID= 926adf0d-ffa3-4d50-b5c3-436b8eb73e2c
```

（3）启用交换分区。

swapon 用于启用交换分区或交换文件。其语法格式为

```
swapon［选项］［设备或文件］
```

启用交换分区/dev/sda4。

```
[root@localhost ~ ]#swapon /dev/sda4
[root@localhost ~ ]#free -h
```

```
            total  used  free  shared  buff/cache  available
    Mem:     1.9G   651M  758M   19M       570M        1.1G
    Swap:    4.0G    0B   4.0G
```
// 对比之前,交换空间增加了 2GB
```
[root@localhost ~ ]#cat /proc/swaps
Filename   Type       Size       Used  Priority
/dev/sda3  partition  2097148    0     -2
/dev/sda4  partition  2097148    0     -3
```
// 查看文件/proc/swaps,可以看到交换分区/dev/sda4

（4）自动启用交换分区。

```
[root@localhost ~ ]#vi /etc/fstab
/dev/sda4                        swap    swap    defaults    0 0
```

2. 禁用交换分区

当某个交换分区不再需要时,可以将其禁用。

swapoff 用于禁用交换分区或交换文件。其语法格式为

```
swapoff [选项] [设备或文件]
```

禁用交换分区/dev/sda4。

```
[root@localhost ~ ]#swapoff /dev/sda4
[root@localhost ~ ]#free -h
            total  used  free  shared  buff/cache  available
    Mem:     1.9G   650M  758M   19M       571M        1.1G
    Swap:    2.0G    0B   2.0G
```
// 对比之前,交换空间减少了 2GB
```
[root@localhost ~ ]#cat /proc/swaps
Filename    Type       Size       Used  Priority
/dev/sda3   partition  2097148    0     -2
```
// 查看文件/proc/swaps,看不到交换分区/dev/sda4

9.7.3　交换文件

如果磁盘没有空间可以创建新的分区,那么可以通过交换文件来扩展交换空间。交换文件是位于磁盘分区上的单独文件,不能直接访问。

1. 启用交换文件

（1）创建文件/swapfile。

dd(device driver)用于转换或复制文件。其语法格式为

```
dd [选项]
```

dd 命令的常用选项及其含义见表 9.18。

表 9.18   dd 命令的常用选项及其含义

选　　项	含　　义
if＝FILE	从文件而不是从标准输入(stdin)读取
of＝FILE	写入到文件而不是标准输出(stdout)
bs＝BYTES	单次读取或写入的数据块(block)的大小,单位字节
count＝N	读取的数据块(block)块数

创建文件/swapfile,从文件/dev/zero 读入数据,块大小为 1GB,块数为 2。

```
[root@localhost ~ ]#dd if= /dev/zero of= /swapfile bs= 1G count= 2
2+0 records in
2+0 records out
2147483648 bytes (2.1 GB) copied, 12.5678 s, 171 MB/s
[root@localhost ~ ]#ls -l /swapfile
-rw-r--r--. 1 root root 2147483648 Oct 16 16:32 /swapfile
// 根目录下已经创建大小为 2GB 的文件/swapfile
```

(2) 创建交换文件。

将文件/swapfile 创建为交换文件。

```
[root@localhost ~ ]#mkswap /swapfile
Setting up swapspace version 1, size =  2097148 KiB
no label, UUID= 89e2b388-a906-4fcf-8e16-e5b70e46ba60
```

(3) 启用交换文件。

启用交换文件/swapfile。

```
[root@localhost ~ ]#swapon /swapfile
swapon: /swapfile: insecure permissions 0644, 0600 suggested.
[root@localhost ~ ]#free -h
            total   used   free   shared  buff/cache  available
    Mem:    1.9G    640M   1.0G    19M       299M        1.1G
    Swap:   4.0G    264K   4.0G
// 对比之前,交换空间增加了 2GB
[root@localhost ~ ]#cat /proc/swaps
 Filename    Type       Size      Used   Priority
/dev/sda3   partition  2097148    264     -2
/swapfile   file       2097148    0       -3
// 查看文件/proc/swaps,可以看到交换文件/swapfile
```

(4) 自动启用交换文件。

```
[root@localhost ~ ]#vi /etc/fstab
/swapfile                             swap    swap    defaults    0 0
```

2. 禁用交换文件

当某个交换文件不再需要时,可以将其禁用并删除。

禁用交换文件/swapfile。

```
[root@localhost ~ ]#swapoff /swapfile
[root@localhost ~ ]#free -h
              total  used  free  shared  buff/cache  available
      Mem:     1.9G   636M  1.0G   19M      318M        1.1G
      Swap:    2.0G   136K  2.0G
// 对比之前,交换空间减少了 2GB
[root@localhost ~ ]#cat /proc/swaps
 Filename     Type       Size     Used   Priority
/dev/sda3    partition  2097148    136     -2
// 查看文件/proc/swaps,看不到交换文件/swapfile
[root@localhost ~ ]#rm -rf /swapfile
```

9.8 项目实践1 磁盘分区和文件系统管理

项目说明

本项目重点学习 Linux 的磁盘分区和文件系统管理。通过本项目的学习,将会获得以下两方面的学习成果。

(1) 磁盘分区管理。

(2) 文件系统管理。

任务1 磁盘分区管理

任务要求

(1) 添加新硬盘。

(2) 创建分区。

(3) 更改分区类型。

(4) 显示分区信息。

任务步骤

步骤1:添加硬盘。

在关机状态下为虚拟机添加一块容量为 20GB 的硬盘。

步骤2:创建分区和更改分区类型。

使用命令 fdisk 在新硬盘上创建分区。具体要求见表 9.19。

表 9.19 创建分区要求

分 区	容 量	文件系统	引导分区
主分区1	5GB	xfs	*
主分区2	5GB	ext4	
扩展分区	剩余空间		
逻辑分区1	剩余空间	FAT32	

步骤3：在非交互式界面下显示分区信息，如图9.1所示。

```
Disk /dev/sdb: 21.5 GB, 21474836480 bytes, 41943040 sectors
Units = sectors of 1 * 512 = 512 bytes
Sector size (logical/physical): 512 bytes / 512 bytes
I/O size (minimum/optimal): 512 bytes / 512 bytes
Disk label type: dos
Disk identifier: 0x62105b1d

   Device Boot      Start         End      Blocks   Id  System
/dev/sdb1   *        2048    10487807     5242880   83  Linux
/dev/sdb2        10487808    20973567     5242880   83  Linux
/dev/sdb3        20973568    41943039    10484736    5  Extended
/dev/sdb5        20975616    41943039    10483712    c  W95 FAT32 (LBA)
```

图 9.1　分区信息

步骤4：查看分区对应的设备文件，如图9.2所示。

```
brw-rw----. 1 root disk 8, 16 Oct 21 23:42 /dev/sdb
brw-rw----. 1 root disk 8, 17 Oct 21 23:42 /dev/sdb1
brw-rw----. 1 root disk 8, 18 Oct 21 23:42 /dev/sdb2
brw-rw----. 1 root disk 8, 19 Oct 21 23:42 /dev/sdb3
brw-rw----. 1 root disk 8, 21 Oct 21 23:42 /dev/sdb5
```

图 9.2　分区对应的设备文件

任务 2　文件系统管理

任务要求

（1）创建文件系统。
（2）挂载文件系统。
（3）查看文件系统。
（4）自动挂载文件系统。

任务步骤

步骤1：创建文件系统。
根据任务1的表格使用命令 mkfs 创建磁盘/dev/sdb 的所有分区的文件系统。
步骤2：挂载文件系统。
使用命令 mount 将磁盘/dev/sdb 的所有分区挂载到目录/mnt 相应的子目录中。具体要求见表9.20。

表 9.20　分区挂载要求

分　　区	挂　载　点
主分区 1	/mnt/sdb1
主分区 2	/mnt/sdb2
逻辑分区 1	/mnt/sdb5

步骤3：查看文件系统。
通过/etc/mtab 文件查看磁盘/dev/sdb 的所有分区的挂载情况，如图9.3所示。
使用命令 df 以可读性较高的方式来查看磁盘/dev/sdb 的所有分区的挂载和使用情况，并显示文件系统的类型，如图9.4所示。

```
/dev/sdb1 /mnt/sdb1 xfs rw,seclabel,relatime,attr2,inode64,noquota 0 0
/dev/sdb2 /mnt/sdb2 ext4 rw,seclabel,relatime,data=ordered 0 0
/dev/sdb5 /mnt/sdb5 vfat rw,relatime,fmask=0022,dmask=0022,codepage=437,iocharset=ascii
,shortname=mixed,errors=remount-ro 0 0
```

图 9.3 所有分区的挂载情况

```
/dev/sdb1      xfs      5.0G   33M  5.0G   1% /mnt/sdb1
/dev/sdb2      ext4     4.8G   20M  4.6G   1% /mnt/sdb2
/dev/sdb5      vfat            10G  8.0K  10G   1% /mnt/sdb5
```

图 9.4 所有分区的挂载、使用情况和文件系统类型

步骤 4：自动挂载分区。

编辑文件/etc/fstab 将磁盘/dev/sdb 的所有分区自动挂载到目录/mnt 相应的子目录中。具体要求见表 9.21。分区/dev/sdb1 卷标为学号后 2 位姓名拼音首字母。

表 9.21 分区自动挂载要求

分 区	挂载点	文件系统	挂载选项	转储选项	检查选项	挂载方式
/dev/sdb1	/mnt/sdb1	xfs	defaults	0	0	卷标
/dev/sdb2	/mnt/sdb2	ext4	defaults	0	0	设备名
/dev/sdb5	/mnt/sdb5	vfat	defaults	0	0	UUID

重新启动后,查看文件/etc/mtab 进行验证,如图 9.5 所示。

```
/dev/sdb5 /mnt/sdb5 vfat rw,relatime,fmask=0022,dmask=0022,codepage=437,iocharset=ascii
,shortname=mixed,errors=remount-ro 0 0
/dev/sdb1 /mnt/sdb1 xfs rw,seclabel,relatime,attr2,inode64,noquota 0 0
/dev/sdb2 /mnt/sdb2 ext4 rw,seclabel,relatime,data=ordered 0 0
```

图 9.5 自动挂载分区

9.9 项目实践2 交换空间管理

项目说明

本项目重点学习 Linux 的交换空间管理。通过本项目的学习,将会获得以下两方面的学习成果。

(1) 交换分区管理。
(2) 交换文件管理。

任务 1 交换分区管理

任务要求

(1) 创建交换分区。
(2) 启用交换分区。

任务步骤

步骤 1：查看物理内存和交换空间的大小。

以可读性较高的方式显示系统的物理内存和交换空间的大小,如图 9.6 所示。

```
              total        used        free      shared  buff/cache   available
Mem:           1.9G        650M        751M         27M        578M        1.1G
Swap:          2.0G          0B        2.0G
```

图 9.6   物理内存和交换空间的大小(1)

步骤 2：创建分区。

创建磁盘分区/dev/sda4,分区大小为 4GB,分区类型更改为 Linux swap / Solaris,如图 9.7 所示。

```
   Device Boot      Start         End      Blocks   Id  System
/dev/sda1   *        2048     2099199     1048576   83  Linux
/dev/sda2         2099200    23070719    10485760   83  Linux
/dev/sda3        23070720    27265023     2097152   82  Linux swap / Solaris
/dev/sda4        27265024    35653631     4194304   82  Linux swap / Solaris
```

图 9.7   创建分区

步骤 3：创建交换分区。

将分区/dev/sda4 创建为交换分区。

步骤 4：启用交换分区。

启用交换分区/dev/sda4,并以可读性较高的方式显示系统的物理内存和交换空间的大小,如图 9.8、图 9.9 所示。

```
              total        used        free      shared  buff/cache   available
Mem:           1.9G        669M        730M         27M        580M        1.1G
Swap:          6.0G          0B        6.0G
```

图 9.8   物理内存和交换空间的大小(2)

```
Filename                              Type         Size     Used    Priority
/dev/sda3                             partition    2097148  0       -2
/dev/sda4                             partition    4194300  0       -3
```

图 9.9   交换分区

步骤 5：禁用交换分区。

任务 2   交换文件管理

任务要求

(1) 创建交换文件。
(2) 启用交换文件。

任务步骤

步骤 1：查看物理内存和交换空间的大小。

以可读性较高的方式显示系统的物理内存和交换空间的大小,如图 9.10 所示。

```
              total        used        free      shared  buff/cache   available
Mem:           1.9G        674M        725M         27M        580M        1.1G
Swap:          2.0G          0B        2.0G
```

图 9.10   物理内存和交换空间的大小(3)

步骤2：创建文件。

创建文件/swapfile，从文件/dev/zero 读入数据，块大小为 1GB，块数为 4，如图 9.11
所示。

```
4+0 records in
4+0 records out
4294967296 bytes (4.3 GB) copied, 87.9419 s, 48.8 MB/s
```

图 9.11　创建文件

步骤3：创建交换文件。

将文件/swapfile 创建为交换文件。

步骤4：启用交换文件。

启用交换文件/swapfile，并以可读性较高的方式显示系统的物理内存和交换空间的大
小，如图 9.12、图 9.13 所示。

```
          total     used     free   shared  buff/cache  available
Mem:       1.9G     562M     976M     25M        441M        1.2G
Swap:      6.0G     125M     5.9G
```

图 9.12　物理内存和交换空间的大小

```
Filename                 Type       Size     Used    Priority
/dev/sda3                partition  2097148  128264  -2
/swapfile                file       4194300  0       -3
```

图 9.13　交换文件

9.10 本章小结

在安装 Linux 时，可以对磁盘进行分区，也可以安装 Linux 后进行分区。

对磁盘进行分区后，还要为分区创建文件系统(格式化)才能使用。文件系统通过为每个
文件分配块的方式把数据存储在磁盘中，这样就要维护每一个文件的块的分配信息，而分配信
息也存储在磁盘上。

磁盘分区创建文件系统后要用于存储数据，还必须进行挂载操作。挂载(mount)就是把
磁盘分区与系统的某个目录建立联系，通过访问该目录来实现访问该磁盘分区。

由于磁盘分区默认是以异步方式挂载使用，所以遇到不正确卸载、断电或者死机时，可能
会导致数据无法及时写回磁盘分区或者磁盘分区出错。这时候就需要检查并修复文件系统。
检查和修复时要分区卸载后才能进行。

交换空间包括交换分区和交换文件，位于磁盘驱动器上，读写速度比物理内存慢，所以如
果物理内存不足导致经常使用交换空间会拖慢系统的运行效率。

第 10 章

软 件 包

本章主要学习 Linux 的软件包 RPM 的安装、卸装、刷新、升级、查询,YUM 本地源的搭建和管理,TAR 包的管理和压缩。

本章的学习目标如下。

(1) RPM:了解 RPM;掌握 RPM 的安装、卸装、刷新、升级、查询。

(2) YUM:了解 YUM 和配置文件;掌握 YUM 本地源的搭建和 YUM 管理。

(3) TAR:了解 TAR;掌握 TAR 包管理和压缩。

10.1 RPM

Linux 安装软件有以下两种方式。

1. 源码安装

(1) 下载并解压 tarball 文件,生成源码文件。

(2) 编译源码,生成目标文件。

(3) 链接函数库、主程序、子程序,生成二进制文件。

(4) 安装二进制文件及相关配置文件。

Tarball 文件是将软件的所有源码文件用 tar 打包,然后用 gzip/bzip 压缩,所以 Tarball 文件的扩展名是".tar.gz"或".tar.bz2"。Tarball 文件里经常还包括 INSTALL 或 README 之类的文件。

源码安装时可以根据需要修改源码,根据操作系统和硬件环境设置参数进行编译,编译得到的二进制文件运行效率高,但是操作步骤复杂。

2. 软件管理器安装

软件管理器的安装方式由软件厂商编译源码后发布。如果用户的硬件和操作系统与软件厂商一致,则用户安装软件更加方便。软件管理器方式还可以加上升级、卸载、查询等管理功能。常用的软件管理器有以下两种。

(1) RPM(YUM/YAST)

RPM 由 Redhat 开发,Redhat、CentOS、SUSE 均使用 RPM。

(2) DPKG(APT)

派生于 Debian 的 Linux 发行版均使用 DPKG,包括 Ubuntu。

无论 RPM 还是 DPKG,都要解决软件依赖关系。当发生依赖关系时,软件管理器通过在线软件包管理机制获取和安装所依赖的软件。

YUM/YAST 和 APT 是在线软件包管理机制,YUM 是 Redhat 和 CentOS 的,YAST 是 SUSE 的,APT 是 Debian 的。

10.1.1 RPM 简介

RPM(red hat package manager,red hat 软件包管理器)是一种开放的软件包管理系统,按照 GPL 条款发行,可以运行于各种 Linux 系统上。

对于终端用户而言,RPM 简化了 Linux 安装、升级、卸载软件的过程,只需要使用简短的命令就可完成。RPM 用来维护一个已经安装的软件包和它们的文件的数据库。因此,可以通过 RPM 查询和校验软件包。

对于开发者来说,RPM 把软件包装成源码包和二进制文件包,然后提供给终端用户。这个过程非常简单。这种对用户的纯净源码、补丁和建构命令的清晰描述减轻了发行软件新版本所带来的维护负担。

RPM 在安装软件时会检查软件依赖关系,如果不能满足,默认不允许安装。软件的依赖关系是指软件安装后,如果缺少相关的前趋(底层)软件则无法正常使用。

RPM 的特点如下。

(1) 安装环境和打包环境必须一致。

(2) 要满足软件的依赖关系需求。

(3) 最底层的软件不可先卸载。

RPM 的功能如下。

(1) 安装、升级、卸载和管理软件。

(2) 查询软件包包含哪些文件和某个文件属于哪个软件包。

(3) 软件包签名 GPG 和 MD5 的导入、验证和签名发布。

(4) 软件依赖关系的检查。

10.1.2 RPM 包管理

RPM 包的文件名格式为 abc-1.2.3-4.arch.rpm,各部分含义见表 10.1。

表 10.1 RPM 包的文件名格式

项　目	含　义
abc	软件名
1.2.3	主版本号、次版本号、修订版本号
4	发布次数
arch	适合的硬件平台(i386、i586、i686、x86_64、noarch) 硬件方面可以向下兼容,因此 i386 软件可以安装在所有的 x86 硬件平台,不管是 32 或 64 位,反之不行 noarch 是没有任何硬件限制,一般来说只有 Shell 脚本可以

RPM 包管理有安装、卸载、刷新、升级、查询 5 种基本操作模式。

rpm 用于安装、卸载、刷新、升级、查询 RPM 包。其语法格式为

```
rpm［选项］［RPM 包［文件］名］
```

rpm 命令的常用选项及其含义见表 10.2。

表 10.2　rpm 命令的常用选项及其含义

选　　项	含　　义
-i	安装 RPM 包
-e	卸载 RPM 包
-F	刷新 RPM 包
-U	升级 RPM 包
-q	查询 RPM 包
-h	显示进度条
-v	显示详细过程
--nodeps	不验证 RPM 包的依赖关系
--rebuilddb	重建 RPM 数据库

1. 安装 RPM 包

【例 10.1】 安装 RPM 包 finger，并显示详细过程和进度条。

```
[root@localhost ~ ]#rpm -ivh finger-0.17-52.el7.x86_64.rpm
warning: finger-0.17-52.el7.x86_64.rpm: Header V3 RSA/SHA256 Signature, key ID
f4a80eb5: NOKEY
Preparing...                      ################################[100% ]
Updating / installing...
   1:finger-0.17-52.el7           ################################[100% ]
```

2. 卸载 RPM 包

卸载 RPM 包使用的是 RPM 包名而不是 RPM 包文件名。

【例 10.2】 卸载 RPM 包 finger。

```
[root@localhost ~ ]#rpm -e finger
```

3. 刷新 RPM 包

刷新 RPM 包时，如果已安装的 RPM 包版本较新或还未安装该 RPM 包，则不安装；否则升级到更新的版本。

【例 10.3】 刷新 RPM 包。

```
[root@localhost ~ ]#rpm -Fvh finger-0.17-52.el7.x86_64.rpm
warning: finger-0.17-52.el7.x86_64.rpm: Header V3 RSA/SHA256 Signature, key ID
f4a80eb5: NOKEY
```

4. 升级 RPM 包

升级 RPM 包时，如果已安装的 RPM 包版本较旧或还未安装该 RPM 包，则安装；否则不安装。

【例 10.4】　升级 RPM 包。

```
[root@localhost ~ ]#rpm -Uvh finger-0.17-52.el7.x86_64.rpm
warning: finger-0.17-52.el7.x86_64.rpm: Header V3 RSA/SHA256 Signature, key ID
f4a80eb5: NOKEY
Preparing...                      ###################################[100% ]
Updating / installing...
   1:finger-0.17-52.el7           ###################################[100% ]
```

5. 查询 RPM 包

查询 RPM 包使用的是 RPM 包名而不是 RPM 包文件名。

查询 RPM 包的选项及其含义见表 10.3。

表 10.3　查询 RPM 包的选项及其含义

选项	含　义
-q	查询指定 RPM 包是否已经安装及其版本
-qa	查询所有已安装的 RPM 包
-qi	查询指定已安装的 RPM 包的详细信息
-qR	查询指定已安装的 RPM 包的依赖关系
-qf	查询指定文件所属的 RPM 包

【例 10.5】　查询系统中所有已安装的 RPM 包。

```
[root@localhost ~ ]#rpm -qa
rsync-3.1.2-10.el7.x86_64
perl-parent-0.225-244.el7.noarch
brasero-libs-3.12.2-5.el7.x86_64
// 以下省略
```

【例 10.6】　查询 RPM 包 finger 是否已经安装及其版本。

```
[root@localhost ~ ]#rpm -q finger
finger-0.17-52.el7.x86_64
```

【例 10.7】　查询 RPM 包 finger 的详细信息。

```
[root@localhost ~ ]#rpm -qi finger
Name         : finger
Version      : 0.17
Release      : 52.el7
Architecture : x86_64
Install Date : Wed 28 Oct 2020 03:33:26 PM CST
Group        : Applications/Internet
Size         : 32929
License      : BSD
Signature    : RSA/SHA256, Fri 29 Aug 2014 05:57:31 PM CST, Key ID 24c6a8a7f4a80eb5
Source RPM   : finger-0.17-52.el7.src.rpm
```

```
Build Date    : Fri 29 Aug 2014 05:49:47 PM CST
Build Host    : worker1.bsys.centos.org
Relocations   : (not relocatable)
Packager      : CentOS BuildSystem < http://bugs.centos.org >
Vendor        : CentOS
Summary       : The finger client
Description   :
Finger is a utility which allows users to see information about system
users (login name, home directory, name, how long they've been logged
in to the system, etc.). The finger package includes a standard
finger client.
```

【例 10.8】 查询 RPM 包 finger 的依赖关系。

```
[root@localhost ~ ]#rpm -qR finger
libc.so.6()(64bit)
libc.so.6(GLIBC_2.2.5)(64bit)
libc.so.6(GLIBC_2.3)(64bit)
libc.so.6(GLIBC_2.3.4)(64bit)
libc.so.6(GLIBC_2.4)(64bit)
rpmlib(CompressedFileNames) <= 3.0.4-1
rpmlib(FileDigests) <= 4.6.0-1
rpmlib(PayloadFilesHavePrefix) <= 4.0-1
rtld(GNU_HASH)
rpmlib(PayloadIsXz) <= 5.2-1
```

【例 10.9】 查询文件/usr/bin/finger 所属的 RPM 包。

```
[root@localhost ~ ]#rpm -qf /usr/bin/finger
finger-0.17-52.el7.x86_64
```

10.2　YUM

YUM 是 RPM 包的在线软件包管理机制,用于 Red Hat 和 CentOS。

10.2.1　YUM 简介

YUM(yellow dog updater modified)是一个软件包管理器,能够从指定的位置(软件仓库)自动下载 RPM 包并且安装,可以自动处理软件依赖关系,并且一次安装所有依赖的软件包,无须烦琐地一次次下载和安装。

YUM 的正常运行离不开可靠的软件仓库。软件仓库可以是 HTTP 站点、FTP 站点或本地。

10.2.2　YUM 配置文件

YUM 配置文件的扩展名为".repo",默认存储在目录/etc/yum.repos.d/中。一个 repo 文件定义了一个或者多个软件仓库的信息。

```
[root@localhost ~ ]#vi /etc/yum.repos.d/CentOS-Sources.repo
[base-source]
// 方括号里面是软件源的名称
name= CentOS-$releasever -Base Sources
// name 定义软件仓库的名称,变量$releasever 定义发行版本
baseurl= http://vault.centos.org/centos/$releasever/os/Source/
// baseurl 定义 RPM 包来源,有 3 种:http://(HTTP 站点)、ftp://(FTP 站点)、file:///(本地)
gpgcheck= 1
// gpgcheck 定义是否对 RPM 包进行 GPG 校验,以确定是否安全:1 代表校验、0 代表不校验
enabled= 0
// enabled 定义是否启用该软件源:1 代表启用、0 代表禁用
gpgkey= file:///etc/pki/rpm-gpg/RPM-GPG-KEY-CentOS-7
// gpgkey 定义 GPG 校验用的密钥
// 以下省略
```

10.2.3　YUM 本地源

1. 挂载 Linux 安装光盘到目录/mnt/cdrom

```
[root@localhost ~ ]#mkdir /mnt/cdrom
[root@localhost ~ ]#mount /dev/cdrom /mnt/cdrom
mount: /dev/sr0 is write-protected, mounting read-only
```

2. 创建 YUM 配置文件/etc/yum. repos. d/CentOS-7-x86_64-DVD. repo

```
[root@localhost ~ ]#mkdir /etc/yum.repos.d/repo_bak
[root@localhost ~ ]#mv /etc/yum.repos.d/* .repo /etc/yum.repos.d/repo_bak
// 将系统原有的 YUM 配置文件转移到目录/etc/yum.repos.d/repo_bak
[root@localhost ~ ]#vi /etc/yum.repos.d/CentOS-7-x86_64-DVD.repo
[CentOS-7-x86_64-DVD]
name- CentOS-7-x86_64-DVD
baseurl= file:///mnt/cdrom
enabled= 1
gpgcheck= 1
gpgkey= file:///mnt/cdrom/RPM-GPG-KEY-CentOS-7
```

10.2.4　YUM 管理

命令 yum 是在线软件包管理机制的命令,用于管理软件包。其语法格式为

```
yum [选项][子命令][包名]
```

yum 命令的常用选项及其含义见表 10.4。

表 10.4　yum 命令的常用选项及其含义

选项	含　义
-y	所有问题自动回答 yes
-q	安静模式

yum 子命令及其含义见表 10.5。

表 10.5　yum 子命令及其含义

子命令	含　义
install	安装软件包
remove	卸载软件包
update	更新软件包
list	列出软件包
info	查询软件包详细信息
deplist	查询软件包的依赖关系
provides	查询文件所属软件包
clean	清除缓存

【例 10.10】 安装软件包,所有问题自动回答 yes。

```
[root@localhost ~ ]#yum -y install finger
Loaded plugins: fastestmirror, langpacks
Loading mirror speeds from cached hostfile
CentOS-7-x86_64-DVD                                  | 3.6 kB 00:00:00
(1/2): CentOS-7-x86_64-DVD/group_gz                  | 153 kB 00:00:00
(2/2): CentOS-7-x86_64-DVD/primary_db                | 3.3 MB 00:00:00
Resolving Dependencies
-- > Running transaction check
--- > Package finger.x86_64 0:0.17-52.el7 will be installed
-- > Finished Dependency Resolution

Dependencies Resolved

================================================================================
Package         Arch         Version          Repository              Size
================================================================================
Installing:
finger          x86_64       0.17-52.el7      CentOS-7-x86_64-DVD      25 k

Transaction Summary
================================================================================
Install 1 Package

Total download size: 25 k
Installed size: 32 k
Downloading packages:
warning: /mnt/cdrom/Packages/finger-0.17-52.el7.x86_64.rpm: Header V3 RSA/SHA256
Signature, key ID f4a80eb5: NOKEY
```

```
Public key for finger-0.17-52.el7.x86_64.rpm is not installed
Retrieving key from file:///mnt/cdrom/RPM-GPG-KEY-CentOS-7
Importing GPG key 0xF4A80EB5:
Userid      : "CentOS-7 Key (CentOS 7 Official Signing Key) < security@ centos.org>"
Fingerprint : 6341 ab27 53d7 8a78 a7c2 7bb1 24c6 a8a7 f4a8 0eb5
From        : /mnt/cdrom/RPM-GPG-KEY-CentOS-7
Running transaction check
Running transaction test
Transaction test succeeded
Running transaction
  Installing : finger-0.17-52.el7.x86_64                                1/1
  Verifying : finger-0.17-52.el7.x86_64                                 1/1

Installed:
  finger.x86_64 0:0.17-52.el7

Complete!
```

【例 10.11】 列出软件包。

```
[root@localhost ~ ]#yum list finger
Loaded plugins: fastestmirror, langpacks
Loading mirror speeds from cached hostfile
Installed Packages
finger.x86_64              0.17-52.el7              @CentOS-7-x86_64-DVD
```

【例 10.12】 查询软件包详细信息。

```
[root@localhost ~ ]#yum info finger
Loaded plugins: fastestmirror, langpacks
Loading mirror speeds from cached hostfile
Installed Packages
Name        : finger
Arch        : x86_64
Version     : 0.17
Release     : 52.el7
Size        : 32 k
Repo        : installed
From repo   : CentOS-7-x86_64-DVD
Summary     : The finger client
License     : BSD
Description : Finger is a utility which allows users to see information about system
            : users (login name, home directory, name, how long they've been logged
            : in to the system, etc.). The finger package includes a standard
            : finger client.
```

【例 10.13】 查询软件包的依赖关系。

```
[root@localhost ~ ]#yum deplist finger
Loaded plugins: fastestmirror, langpacks
```

```
Loading mirror speeds from cached hostfile
package: finger.x86_64 0.17-52.el7
  dependency: libc.so.6(GLIBC_2.4)(64bit)
   provider: glibc.x86_64 2.17-307.el7.1
  dependency: rtld(GNU_HASH)
   provider: glibc.x86_64 2.17-307.el7.1
```

【例 10.14】 查询文件所属软件包。

```
[root@localhost ~ ]#yum provides /usr/bin/finger
Loaded plugins: fastestmirror, langpacks
Loading mirror speeds from cached hostfile
finger-0.17-52.el7.x86_64 : The finger client
Repo          : CentOS-7-x86_64-DVD
Matched from :
Filename      : /usr/bin/finger
```

【例 10.15】 卸载软件包,所有问题自动回答 yes。

```
[root@localhost ~ ]#yum -y remove finger
Loaded plugins: fastestmirror, langpacks
Resolving Dependencies
-- > Running transaction check
--- > Package finger.x86_64 0:0.17-52.el7 will be erased
-- > Finished Dependency Resolution

Dependencies Resolved

===============================================================================
Package        Arch          Version          Repository                Size
===============================================================================
Removing:
finger         x86_64        0.17-52.el7      @CentOS-7-x86_64-DVD      32 k

Transaction Summary
===============================================================================
Remove 1 Package

Installed size: 32 k
Downloading packages:
Running transaction check
Running transaction test
Transaction test succeeded
Running transaction
  Erasing : finger-0.17-52.el7.x86_64                                    1/1
  Verifying : finger-0.17-52.el7.x86_64                                  1/1

Removed:
  finger.x86_64 0:0.17-52.el7

Complete!
```

【例 10.16】　清除缓存。

```
[root@localhost ~ ]#yum clean all
Loaded plugins: fastestmirror, langpacks
Cleaning repos: CentOS-7-x86_64-DVD
Cleaning up list of fastest mirrors
```

10.3　TAR

命令 tar 可以将文件和目录进行打包或压缩用来备份。

10.3.1　TAR 简介

Windows 最常见的压缩文件是 zip 和 rar。Linux 最常见的压缩文件有 gz、tar. gz、tgz、bz2、Z、zip 和 rar 等。

打包是指将许多文件和目录变成一个文件,压缩则是将一个大文件通过压缩算法变成一个小文件。Linux 的压缩程序一般只能针对一个文件进行压缩。当需要压缩多个文件时,就得先使用打包命令将这些文件进行打包,然后再用压缩命令进行压缩。

Linux 最常用的打包命令是 tar。命令 tar 打的包称为 TAR 包,文件扩展名为 .tar。命令 tar 可以为文件和目录创建备份,也可以在备份中改变文件,或者向备份中加入新的文件。

10.3.2　TAR 包管理

tar 用于将文件一起保存到一个单独的磁带或磁盘归档,并能从归档中单独还原所需文件。其语法格式为

tar［主要操作模式］［通用选项］［文件/目录］

tar 主要操作模式选项及其含义见表 10.6。

表 10.6　tar 主要操作模式选项及其含义

选项	含　义
-c	创建新的存档文件
-t	列出存档文件的内容
-r	追加文件到存档文件尾部
-u	仅追加比存档文件副本更新的文件
-x	从存档文件释放文件

tar 通用选项及其含义见表 10.7。

表 10.7　tar 通用选项及其含义

选　项	含　义
-C 目录	指定释放文件的目录
-f	使用存档文件或者设备存档
-v	详细显示处理的文件
-z	调用 gzip
-j	调用 bzip2
-J	调用 xz

【例 10.17】 使用相对路径备份为 TAR 包。

```
[root@localhost ~ ]#mkdir dir
[root@localhost ~ ]#touch dir/file1
[root@localhost ~ ]#touch dir/file2
[root@localhost ~ ]#tar -cvf dir1.tar dir
dir/
dir/file1
dir/file2
```

【例 10.18】 使用绝对路径备份为 TAR 包。

```
[root@localhost ~ ]#tar -cvf dir2.tar /root/dir
tar: Removing leading '/' from member names
/root/dir/
/root/dir/file1
/root/dir/file2
```

【例 10.19】 查看 TAR 包内容,注意对比相对路径和绝对路径的不同。

```
[root@localhost ~ ]#tar -tvf dir1.tar
drwxr-xr-x root/root           0 2020-10-29 16:07 dir/
-rw-r--r--root/root            0 2020-10-29 16:07 dir/file1
-rw-r--r--root/root            0 2020-10-29 16:07 dir/file2
[root@localhost ~ ]#tar -tvf dir2.tar
drwxr-xr-x root/root           0 2020-10-29 16:07 root/dir/
-rw-r--r--root/root            0 2020-10-29 16:07 root/dir/file1
-rw-r--r--root/root            0 2020-10-29 16:07 root/dir/file2
```

【例 10.20】 追加 TAR 包。

```
[root@localhost ~ ]#touch dir/file3
[root@localhost ~ ]#tar -rvf dir1.tar dir/file3
dir/file3
[root@localhost ~ ]#tar -tvf dir1.tar
drwxr-xr-x root/root           0 2020-10-29 16:07 dir/
-rw-r--r--root/root            0 2020-10-29 16:07 dir/file1
-rw-r--r--root/root            0 2020-10-29 16:07 dir/file2
-rw-r--r--root/root            0 2020-10-29 16:08 dir/file3
```

【例 10.21】 更新 TAR 包,文件的新旧版本同时存在。

```
[root@localhost ~ ]#vi dir/file3
[root@localhost ~ ]#tar -uvf dir1.tar dir/file3
dir/file3
[root@localhost ~ ]#tar -tvf dir1.tar
drwxr-xr-x root/root           0 2020-10-29 16:07 dir/
-rw-r--r--root/root            0 2020-10-29 16:07 dir/file1
```

```
-rw-r--r--root/root          0 2020-10-29 16:07 dir/file2
-rw-r--r--root/root          0 2020-10-29 16:08 dir/file3
-rw-r--r--root/root          6 2020-10-29 16:09 dir/file3
```

【例 10.22】 释放 TAR 包,注意对比相对路径和绝对路径的不同。

```
[root@localhost ~ ]#mkdir newdir
[root@localhost ~ ]#tar -xvf dir1.tar -C newdir
dir/
dir/file1
dir/file2
dir/file3
dir/file3
[root@localhost ~ ]#tar -xvf dir2.tar -C newdir
root/dir/
root/dir/file1
root/dir/file2
```

10.3.3 TAR 包压缩

命令 tar 可以在打包或解包的同时调用压缩命令进行压缩或者解压缩。

1. 调用 gzip

命令 gzip 是 GNU 开发的一个压缩程序。扩展名为".gz"的文件就是 gzip 压缩文件。与 gzip 相对应的解压程序是 gunzip。命令 tar 使用选项"-z"来调用 gzip。

【例 10.23】 打包并调用 gzip 压缩。

```
[root@localhost ~ ]#tar -cvf dir1.tar dir
dir/
dir/file1
dir/file2
dir/file3
[root@localhost ~ ]#tar -zcvf dir2.tar.gz dir
dir/
dir/file1
dir/file2
dir/file3
[root@localhost ~ ]#ls -l * tar*
-rw-r--r--. 1 root root 10240 Oct 29 16:10 dir1.tar
-rw-r--r--. 1 root root   179 Oct 29 16:11 dir2.tar.gz
// 压缩与否可以从文件大小看出来
```

【例 10.24】 查看 gzip 压缩的存档文件。

```
[root@localhost ~ ]#tar -ztvf dir2.tar.gz
drwxr-xr-x root/root          0 2020-10-29 16:09 dir/
-rw-r--r--root/root          0 2020-10-29 16:07 dir/file1
-rw-r--r--root/root          0 2020-10-29 16:07 dir/file2
-rw-r--r--root/root          6 2020-10-29 16:09 dir/file3
```

【例 10.25】 解压缩 gzip 压缩的存档文件。

```
〔root@localhost ~ 〕#tar -zxvf dir2.tar.gz
dir/
dir/file1
dir/file2
dir/file3
```

2. 调用 bzip2

命令 bzip2 是一个压缩能力更强的压缩程序。扩展名为".bz2"的文件就是 bzip2 压缩文件。与 bzip2 相对应的解压程序是 bunzip2。命令 tar 使用选项"-j"来调用 bzip2。

【例 10.26】 打包并调用 bzip2 压缩。

```
〔root@localhost ~ 〕#tar -jcvf dir3.tar.bz2 dir
dir/
dir/file1
dir/file2
dir/file3
〔root@localhost ~ 〕#ls -l * tar*
-rw-r--r--. 1 root root   10240 Oct 29 16:10 dir1.tar
-rw-r--r--. 1 root root     179 Oct 29 16:11 dir2.tar.gz
-rw-r--r--. 1 root root     177 Oct 29 16:11 dir3.tar.bz2
```

【例 10.27】 查看 bzip2 压缩的存档文件。

```
〔root@localhost ~ 〕#tar -jtvf dir3.tar.bz2
drwxr-xr-x root/root         0 2020-10-29 16:09 dir/
-rw-r--r--root/root          0 2020-10-29 16:07 dir/file1
-rw-r--r--root/root          0 2020-10-29 16:07 dir/file2
-rw-r--r--root/root          6 2020-10-29 16:09 dir/file3
```

【例 10.28】 解压缩 bzip2 压缩的存档文件。

```
〔root@localhost ~ 〕#tar -jxvf dir3.tar.bz2
dir/
dir/file1
dir/file2
dir/file3
```

3. 调用 xz

命令 xz 是一个使用 LZMA 算法的无损数据压缩程序。扩展名为".xz"的文件就是 xz 压缩文件。与 xz 相对应的解压程序是 unxz。命令 tar 使用选项"-J"来调用 xz。

【例 10.29】 打包并调用 xz 压缩。

```
〔root@localhost ~ 〕#tar -Jcvf dir4.tar.xz dir
dir/
dir/file1
```

```
dir/file2
dir/file3
[root@localhost ~ ]#ls -l * tar*
-rw-r--r--. 1 root root 10240 Oct 29 16:10 dir1.tar
-rw-r--r--. 1 root root   179 Oct 29 16:11 dir2.tar.gz
-rw-r--r--. 1 root root   177 Oct 29 16:11 dir3.tar.bz2
-rw-r--r--. 1 root root   212 Oct 29 16:12 dir4.tar.xz
```

【例 10.30】　查看 xz 压缩的存档文件。

```
[root@localhost ~ ]#tar -Jtvf dir4.tar.xz
drwxr-xr-x root/root        0 2020-10-29 16:09 dir/
-rw-r--r--root/root         0 2020-10-29 16:07 dir/file1
-rw-r--r--root/root         0 2020-10-29 16:07 dir/file2
-rw-r--r--root/root         6 2020-10-29 16:09 dir/file3
```

【例 10.31】　解压缩 xz 压缩的存档文件。

```
[root@localhost ~ ]#tar -Jxvf dir4.tar.xz
dir/
dir/file1
dir/file2
dir/file3
```

10.4　项目实践　软件包管理

项目说明

本项目重点学习 Linux 的软件包管理。通过本项目的学习,将会获得以下 3 方面的学习成果。

(1) RPM 包管理。

(2) YUM 本地源管理。

(3) TAR 包管理。

任务 1　RPM 包管理

任务要求

RPM 包的安装、卸载、刷新、升级、查询。

任务步骤

步骤 1:安装 RPM 包。

(1) 将 CentOS 7 的安装光盘映像文件中的文件夹 Packages 中的文件 finger-0.17-52.el7.x86_64.rpm 复制到用户主目录。

(2) 安装 RPM 包 finger，并显示详细过程和进度条，如图 10.1 所示。

```
warning: finger-0.17-52.el7.x86_64.rpm: Header V3 RSA/SHA256 Signature, key ID f4a80eb5
: NOKEY
Preparing...                          ################################# [100%]
Updating / installing...
   1:finger-0.17-52.el7               ################################# [100%]
```

图 10.1   安装 RPM 包 finger

步骤 2：查询 RPM 包的详细信息。

查询 RPM 包 finger 的详细信息，如图 10.2 所示。

```
Name        : finger
Version     : 0.17
Release     : 52.el7
Architecture: x86_64
Install Date: Thu 29 Oct 2020 04:25:04 PM CST
Group       : Applications/Internet
Size        : 32929
License     : BSD
Signature   : RSA/SHA256, Fri 29 Aug 2014 05:57:31 PM CST, Key ID 24c6a8a7f4a80eb5
Source RPM  : finger-0.17-52.el7.src.rpm
Build Date  : Fri 29 Aug 2014 05:49:47 PM CST
Build Host  : worker1.bsys.centos.org
Relocations : (not relocatable)
Packager    : CentOS BuildSystem <http://bugs.centos.org>
Vendor      : CentOS
Summary     : The finger client
Description :
Finger is a utility which allows users to see information about system
users (login name, home directory, name, how long they've been logged
in to the system, etc.).  The finger package includes a standard
finger client.
```

图 10.2   RPM 包 finger 的详细信息

步骤 3：查询 RPM 包的依赖关系。

查询 RPM 包 finger 的依赖关系，如图 10.3 所示。

```
libc.so.6()(64bit)
libc.so.6(GLIBC_2.2.5)(64bit)
libc.so.6(GLIBC_2.3)(64bit)
libc.so.6(GLIBC_2.3.4)(64bit)
libc.so.6(GLIBC_2.4)(64bit)
rpmlib(CompressedFileNames) <= 3.0.4-1
rpmlib(FileDigests) <= 4.6.0-1
rpmlib(PayloadFilesHavePrefix) <= 4.0-1
rtld(GNU_HASH)
rpmlib(PayloadIsXz) <= 5.2-1
```

图 10.3   RPM 包 finger 的依赖关系

步骤 4：卸载 RPM 包。

卸载 RPM 包 finger，然后再查询其详细信息。对比前后两次查询的结果。

步骤 5：刷新和升级 RPM 包。

刷新 RPM 包 finger。

升级 RPM 包 finger。

对比两种操作的不同之处。

任务 2   YUM 本地源管理

任务要求

(1) 制作 YUM 本地源。

（2）使用 YUM 安装软件包 finger。

任务步骤

步骤 1：准备环境。

（1）加载 Linux 安装光盘映像文件到虚拟机光驱。

（2）在 Linux 中挂载光驱。

步骤 2：创建软件仓库配置文件。

步骤 3：安装软件包 finger，所有问题自动回答 yes。

步骤 4：查询软件包 finger 的详细信息，如图 10.4 所示。

```
Loaded plugins: fastestmirror, langpacks
Loading mirror speeds from cached hostfile
Installed Packages
Name        : finger
Arch        : x86_64
Version     : 0.17
Release     : 52.el7
Size        : 32 k
Repo        : installed
From repo   : CentOS-7-x86_64-DVD
Summary     : The finger client
License     : BSD
Description : Finger is a utility which allows users to see information about system
            : users (login name, home directory, name, how long they've been logged
            : in to the system, etc.).  The finger package includes a standard
            : finger client.
```

图 10.4　软件包 finger 的详细信息

步骤 5：查询软件包 finger 的依赖关系，如图 10.5 所示。

```
Loaded plugins: fastestmirror, langpacks
Loading mirror speeds from cached hostfile
package: finger.x86_64 0.17-52.el7
  dependency: libc.so.6(GLIBC_2.4)(64bit)
   provider: glibc.x86_64 2.17-307.el7.1
  dependency: rtld(GNU_HASH)
   provider: glibc.x86_64 2.17-307.el7.1
```

图 10.5　软件包 finger 的依赖关系

步骤 6：卸载软件包 finger，所有问题自动回答 yes。

任务拓展

（1）制作 YUM 内网网络源（HTTP、FTP）。

（2）使用 YUM 外网网络源（国外、国内）。

任务 3　TAR 包管理

任务要求

（1）TAR 包的创建、更新和解包。

（2）TAR 包的压缩。

任务步骤

步骤 1：创建目录和文件。

在当前用户的主目录中创建 1 个名为"学号后 2 位姓名拼音首字母"的目录,并在该目录内创建 2 个分别名为"学号后 2 位姓名拼音首字母 file1~2"的文件 1 和文件 2。

步骤 2:备份为 TAR 包。

使用命令 tar 备份步骤 1 所创建的目录,目录使用相对路径,TAR 包文件名为"目录名1"。使用命令 tar 备份步骤 1 所创建的目录,目录使用绝对路径,TAR 包文件名为"目录名2",如图 10.6 所示。

```
-rw-r--r--. 1 root root 10240 Oct 29 16:38 00name1.tar
-rw-r--r--. 1 root root 10240 Oct 29 16:38 00name2.tar
```

图 10.6　备份为 TAR 包

步骤 3:查看 TAR 包内容。

查看步骤 2 所备份的两个 TAR 包,对比它们的不同之处,如图 10.7、图 10.8 所示。

```
drwxr-xr-x root/root        0 2020-10-29 16:38 00name/
-rw-r--r-- root/root        0 2020-10-29 16:38 00name/00namefile1
-rw-r--r-- root/root        0 2020-10-29 16:38 00name/00namefile2
```

图 10.7　查看 TAR 包 1 内容

```
drwxr-xr-x root/root        0 2020-10-29 16:38 root/00name/
-rw-r--r-- root/root        0 2020-10-29 16:38 root/00name/00namefile1
-rw-r--r-- root/root        0 2020-10-29 16:38 root/00name/00namefile2
```

图 10.8　查看 TAR 包 2 内容

步骤 4:追加和更新 TAR 包。

(1) 创建 1 个名为"学号后 2 位姓名拼音首字母 file3"的文件,并将其追加到 TAR 包 1。

(2) 修改文件 3,并将其更新到 TAR 包 1。

(3) 查看追加和更新文件后的 TAR 包 1,如图 10.9 所示。

```
drwxr-xr-x root/root        0 2020-10-29 16:38 00name/
-rw-r--r-- root/root        0 2020-10-29 16:38 00name/00namefile1
-rw-r--r-- root/root        0 2020-10-29 16:38 00name/00namefile2
-rw-r--r-- root/root        0 2020-10-29 16:40 00name/00namefile3
-rw-r--r-- root/root       12 2020-10-29 16:40 00name/00namefile3
```

图 10.9　查看追加和更新文件后的 TAR 包 1

步骤 5:释放 TAR 包。

将 TAR 包 1 释放到目录 newdir,查看释放后得到的目录,对比步骤 4 追加和更新 TAR 包后的异同,如图 10.10 所示。

```
total 4
-rw-r--r--. 1 root root  0 Oct 29 16:38 00namefile1
-rw-r--r--. 1 root root  0 Oct 29 16:38 00namefile2
-rw-r--r--. 1 root root 12 Oct 29 16:40 00namefile3
```

图 10.10　释放 TAR 包

步骤 6:压缩 TAR 包。

使用命令 tar 在备份步骤 1 所创建的目录的同时分别调用 gzip、bzip2、xz 压缩 TAR 包,并对比所得到的 TAR 包,如图 10.11 所示。

```
-rw-r--r--. 1 root root  189 Oct 29 16:45 00name.tar.bz2
-rw-r--r--. 1 root root  185 Oct 29 16:45 00name.tar.gz
-rw-r--r--. 1 root root  220 Oct 29 16:46 00name.tar.xz
```

图 10.11　压缩 TAR 包

10.5 本章小结

RPM 是一种开放的软件包管理系统,简化了 Linux 安装、升级、卸载软件的过程,在安装软件时会检查软件依赖关系。

YUM 是一个软件包管理器,能够从指定的位置自动下载 RPM 包并且安装,可以自动处理软件依赖关系,并且一次安装所有依赖的软件包,无须烦琐地一次次下载和安装。

Linux 最常用的打包命令是 tar。命令 tar 打的包称为 TAR 包,文件扩展名为".tar"。

第11章

进程和任务计划

本章主要学习 Linux 的进程和任务计划。

本章的学习目标如下。

(1) 进程:理解进程概念;掌握启动、挂起、恢复、查看和结束进程。

(2) 任务计划:掌握管理周期性的任务计划 cron 和一次性的任务计划 at。

11.1 进　　程

Linux 是一个多任务的操作系统,可以同时运行多个进程。正在执行的一个或多个相关的进程称为一个作业。用户可以同时运行多个作业,并在需要时可以在作业之间进行切换。

11.1.1 进程概念

大多数计算机都只有一个 CPU,但可能有多个磁盘和输入/输出设备等资源。操作系统管理这些资源并在多个用户之间共享资源。操作系统监控着一个等待执行的任务队列,这些任务包括操作系统作业和用户作业等。当用户提出资源请求时,操作系统根据每个任务的优先级为其分配合适的 CPU 时间片。每个时间片为毫秒级别,虽然看起来很短,但是已经足够计算机完成成千上万的指令。操作系统对每个任务都运行一段时间,然后挂起,接着运行其他任务,过一段时间后再回来处理这个任务,直到某个任务完成,将其从任务队列中去除。这种操作系统称为分时操作系统。Linux 是一个多用户多任务的分时操作系统。

进程(process)是在自身的虚拟地址空间运行的一个程序的实例。进程由程序、数据和进程控制块三部分组成。

进程和程序的区别与联系如下。

(1) 程序是静态命令的集合,不占用系统的运行资源。

(2) 进程由程序创建,动态并且占用系统的运行资源。

(3) 一个程序可以创建多个进程。

进程的特征如下。

(1) 动态性:进程的实质是程序在多道程序系统中的一次执行过程,进程是动态产生、动态消亡的。

(2) 并发性:任何进程都可以同其他进程一起并发执行。

(3) 独立性:进程是一个能独立运行的基本单位,同时也是操作系统分配资源和调度的独立单位。

(4) 异步性:由于进程间的相互制约,使得进程具有执行的间断性,即进程按各自独立的、不可预知的速度向前推进。

作业(job)是一系列按一定顺序执行的命令。一个作业可能会涉及多个进程,尤其是使用管道和重定向时。

11.1.2 创建进程

在操作系统中每个进程都有一个进程标识符(process identifier,PID),用于操作系统识别和调度进程。创建进程有两种方法:手工创建和调度创建。

1. 手工创建

(1)前台进程。在终端输入一个命令/程序名,加上必要的选项和参数并按下 Enter 键后就创建了一个前台进程。

(2)后台进程。在终端输入的命令行的末尾加上一个"&"号并按下 Enter 键后就创建了一个后台进程。直接手工创建一个后台进程的情况比较少,除非是该进程非常耗时,且用户也不急着需要结果的时候。

2. 调度创建

在 Linux 中,任务可以被配置在指定的日期、时间或系统平均负载低于指定的数值时自动运行。Linux 默认配置了重要系统任务的调度创建。系统管理员可使用调度创建来执行定期备份、监控系统和运行定制脚本等任务。

11.1.3 挂起和恢复进程

1. 进程挂起

操作系统的作业管理允许将进程挂起并可以在需要时恢复进程的运行,被挂起的作业恢复后将从中止处开始继续运行。只要按快捷键 Ctrl+Z,即可挂起当前的前台进程。作业号与PID 无关,只与 Shell 有关。

jobs 用于显示作业的状态。其语法格式为

```
jobs [选项]
```

jobs 命令的常用选项及其含义见表 11.1。

表 11.1 jobs 命令的常用选项及其含义

选项	含　义
-l	增加显示作业的进程标识符

2. 进程恢复

恢复进程执行时,有以下两种选择。

(1)fg [作业号]:用于将作业调度到前台运行。

(2)bg [作业号]:用于将作业调度到后台运行。

【例 11.1】 挂起作业并显示作业的状态。

```
[root@ localhost ~ ]#vi file
// 按快捷键 Ctrl + Z 挂起当前的前台进程 vi
[1]+ Stopped                vi file
[root@localhost ~ ]#free -s 100
              total     used      free   shared   buff/cache  available
   Mem:    2027876  676944    771624    19904      579308    1181124
   Swap:   2097148       0   2097148


^Z
[2]+ Stopped                free -s 100
[root@localhost ~ ]#jobs
[1]- Stopped                vi file
[2]+ Stopped                free -s 100
```

【例 11.2】 将作业调度到后台运行并显示作业的状态。

```
[root@localhost ~ ]#bg 2
[2]+  free -s 100 &
[root@localhost ~ ]#jobs
[1]+ Stopped                vi file
[2]- Running                free - s 100 &
```

11.1.4 ps: 查看进程

ps(process status)是最基本同时也是非常强大的进程查看命令,用于查看有哪些进程正在运行、运行状态(是否结束、有没僵死),以及哪些进程占用了过多的资源等。ps 有两种语法:标准语法(带"-")和 BSD 语法(不带"-")。同一个选项在不同语法中含义不同。ps 的语法格式为

```
ps [选项]
```

ps 命令的常用选项及其含义见表 11.2。

表 11.2 ps 命令的常用选项及其含义

选 项	含 义
-a	显示当前用户的所有进程,除了会话控制进程和未关联到终端的进程之外
-e	显示所有进程
-f	显示 UID、PPID、C 和 STIME 字段
-p<PID>	显示指定 PID 的进程
-t<TTY>	显示指定终端的进程
-u<用户名/UID>	显示指定用户的进程,未指定用户则是所有用户;并显示全部字段
-x	显示所有进程,包括无终端进程

ps 命令输出字段及其含义见表 11.3。

表 11.3 ps 命令输出字段及其含义

字　段	含　义
USER	运行进程的用户
PID	进程号，用于唯一标识该进程
%CPU	进程自最近一次刷新以来所占用的 CPU 时间和总时间的百分比
%MEM	进程使用内存的百分比
VSZ	进程使用的虚拟内存大小，以 KB 为单位
RSS	进程占用的物理内存的总数量，以 KB 为单位
TTY	进程相关的终端
STAT	进程状态：D 表示不间断睡眠；R 表示运行或可运行的；S 表示可中断睡眠（等待一个完成的事件）；T 表示通过作业控制信号停止；t 表示通过跟踪调试器停止；Z(zombie)表示僵死但未被父进程回收
START	进程开始运行时间
TIME	进程使用的总 CPU 时间
COMMAND	进程的命令行

【例 11.3】 显示所有用户的进程，除了会话控制进程和未关联到终端的进程之外；并显示全部字段。

```
[root@localhost ~ ]#ps -au
USER  PID   %CPU  %MEM  VSZ     RSS   TTY   STAT START  TIME COMMAND
root  1218  0.3   2.0   312920  40784 tty1  Ssl+ 18:37  0:02 /usr/bin/X :0 -backgr
root  2617  0.0   0.1   116316  2908  pts/0 Ss   18:46  0:00 bash
root  2666  0.0   0.0   126300  1688  pts/0 T    18:47  0:00 vi file
root  2673  0.0   0.0   152716  1440  pts/0 S    18:47  0:00 free -s 100
root  2706  0.0   0.0   155472  1868  pts/0 R+   18:48  0:00 ps -au
```

【例 11.4】 查看进程 vi 是否正在运行。

```
[root@localhost ~ ]#ps -e | grep vi
  572 ?          00:00:00 VGAuthService
 1019 ?          00:00:00 libvirtd
 2236 ?          00:00:00 dconf-service
 2666 pts/0      00:00:00 vi
```

【例 11.5】 显示指定进程标识符的进程。

```
[root@localhost ~ ]#ps -p 2666
  PID TTY          TIME CMD
 2666 pts/0     00:00:00 vi
```

【例 11.6】 显示指定终端的进程。

```
[root@localhost ~ ]#ps -t pts/0
  PID TTY          TIME CMD
 2617 pts/0     00:00:00 bash
 2666 pts/0     00:00:00 vi
 2673 pts/0     00:00:00 free
 2757 pts/0     00:00:00 ps
```

11.1.5 top: 查看和管理进程

top 用于显示当前正在运行的进程及其信息,并通过交互式界面,用快捷键加以管理。按 Q 键退出 top。top 的语法格式为

```
top [选项]
```

top 命令的常用选项及其含义见表 11.4。

表 11.4 top 命令的常用选项及其含义

选 项	含 义
c	显示每个进程的完整命令,包括路径、命令名和选项等
d<秒数>	设置 top 监控进程执行情况的更新间隔时间
n<次数>	设置监控进程的更新次数

【例 11.7】 使用 top 命令动态显示进程信息。

```
top -18:51:28 up 14 min,   2 users,   load average: 0.01, 0.20, 0.25
Tasks: 197 total,   1 running, 195 sleeping,   1 stopped,   0 zombie
% Cpu(s):  5.9 us,   5.9 sy,   0.0 ni, 88.2 id,   0.0 wa,   0.0 hi,   0.0 si,   0.0 st
KiB Mem :  2027876 total,   767520 free,   680352 used,   580004 buff/cache
KiB Swap:  2097148 total,  2097148 free,        0 used.  1177536 avail Mem

  PID USER     PR  NI    VIRT    RES    SHR S  %CPU  %MEM    TIME+ COMMAND
 1926 root     20   0 2986440 175260 64592 S  10.0   8.6  0:12.67 gnome-shell
 2806 root     20   0  162124   2184  1520 R  10.0   0.1  0:00.03 top
 1218 root     20   0  312920  40784 21716 S   5.0   2.0  0:04.66 X
    1 root     20   0  128284   6924  4180 S   0.0   0.3  0:02.69 systemd
    2 root     20   0       0      0     0 S   0.0   0.0  0:00.00 kthreadd
// 以下省略
```

11.1.6 pstree: 显示进程树

pstree 用于以树形方式显示进程。其语法格式为

```
pstree [选项]
```

pstree 命令的常用选项及其含义如表 11.5。

表 11.5 pstree 命令的常用选项及其含义

选项	含 义
-a	显示进程的选项
-A	使用 ASCII 字符绘制进程树
-p	显示进程标识符

【例 11.8】 使用 ASCII 字符绘制进程树,并显示进程标识符。

```
[root@localhost ~ ]#pstree -Ap
systemd(1)-+-ModemManager(591)-+-{ModemManager}(604)
           |                    `-{ModemManager}(614)
           |-NetworkManager(699)-+-{NetworkManager}(705)
           |                      `-{NetworkManager}(708)
// 以下省略
```

11.1.7　结束进程

进程在一般情况下会正常结束。如果进程无法正常结束，可以将其强制结束。快捷键 Ctrl＋C 可以结束前台进程，命令 kill 可以结束后台进程。因为进程有可能会产生子进程，所以当要强制结束一个进程时，还必须结束其所有的子进程。

kill 用于强制结束后台进程，需要事先获得对应进程的 PID。其语法格式为

```
kill [信号][PID]
```

kill 常用信号及其含义见表 11.6。

表 11.6　kill 常用信号及其含义

信号	含　义
1	重新启动进程
2	结束进程，相当于快捷键 Ctrl＋C
9	强制结束进程
15	以正常结束进程的方式结束进程
17	挂起进程，相当于快捷键 Ctrl＋Z

【例 11.9】　强制结束进程 vi。

```
[root@localhost ~ ]#ps -a | grep vi
  2666 pts/0     00:00:00 vi
[root@localhost ~ ]#kill -9 2666
[1]+  Killed                  vi file
```

11.2　任务计划

如果需要在指定的时间触发某个任务作业，就需要创建任务计划。在 Linux 中使用 cron 和 at 实现任务计划功能。cron 用于周期性的任务计划，at 用于一次性的任务计划。

11.2.1　cron

使用 cron 创建任务计划可以通过编辑配置文件/etc/crontab 和使用命令 crontab 实现。只有 root 用户才能编辑配置文件/etc/crontab，其他用户必须使用命令 crontab。cron 执行的每项工作会被记录到日志/var/log/cron。

1. 服务 crond

cron 通过服务 crond 实现任务计划。服务 cron 在无须人工干预的情况下根据时间、日期、月份和星期的组合来调度执行任务计划。服务 crond 每分钟都检查配置文件/etc/crontab、目录/etc/cron.d 和/var/spool/cron。如果发现了更改，服务 crond 就会将更改应用到任务计划。编辑完任务计划配置文件后，建议重新启动服务 crond 确保能够执行任务计划。

```
[root@localhost ~ ]#systemctl restart crond.service
// 重新启动服务 crond
[root@localhost ~ ]#systemctl enable crond.service
// 设置系统启动时自动启动服务 crond
[root@localhost ~ ]#systemctl is-enabled crond.service
enabled
// 检查系统启动时是否自动启动服务 crond
```

2. 配置文件/etc/crontab

配置文件/etc/crontab 如下：

```
[root@localhost ~ ]#vi /etc/crontab
SHELL= /bin/bash
PATH= /sbin:/bin:/usr/sbin:/usr/bin
MAILTO= root

#For details see man 4 crontabs

#Example of job definition:
#.----------------minute (0 -59)
#| .-------------- hour (0 - 23)
#| | .---------- day of month (1 - 31)
#| | | .------- month (1 - 12) OR jan,feb,mar,apr ...
#| | | | .----day of week (0 -6) (Sunday= 0 or 7) OR sun,mon,tue,wed,thu,fri,sat
#| | | | |
#* * * * * user-name command to be executed
```

配置文件/etc/crontab 前 3 行用来配置 cron 的环境变量。

（1）Shell 定义使用哪个 Shell。

（2）PATH 定义命令文件的路径。

（3）MAILTO 定义 cron 任务的输出邮寄的用户，如果为空则不邮寄。

配置文件/etc/crontab 的每一行代表一个任务计划，格式如下：

```
minute hour day month week user-name command
```

配置文件/etc/crontab 的字段及其含义见表 11.7。

表 11.7 配置文件/etc/crontab 的字段及其含义

字 段	描 述
minute	分钟,0～59 之间的任何整数
hour	时钟,0～23 之间的任何整数
day	日期,1～31 之间的任何整数(如果指定了月份,必须是该月份的有效日期)
month	月份,1～12 之间的任何整数(或英文简写如 jan、feb 等)
week	星期,0～6 之间的任何整数,星期日用 0 或 7 表示(或英文简写如 sun、mon 等)
user-name	执行命令的用户
command	要运行的命令或者脚本

配置文件/etc/crontab 的时间格式见表 11.8。

表 11.8 配置文件/etc/crontab 的时间格式

时 间 格 式	描 述
*	代表所有有效值。如分钟值中的星号表示在满足其他条件后每分钟都运行命令
-	指定一个整数范围。如 1-3 表示整数 1、2、3
,	指定一系列值。如 1,2,5,表示这 3 个指定的整数
/<integer>	指定间隔频率,在范围后加上/<integer>表示在范围内可以跳过 integer。如"0-59/5"表示时间间隔为 5 分钟;如" */2"用在月份中表示每 2 个月运行一次任务

【例 11.10】 编辑配置文件/etc/crontab,实现如下任务计划。

```
00 23 1,15 * /3 *  root /root/test.sh
// 每 3 个月的 1 日和 15 日的 23:00 运行脚本/root/test.sh
00 23 * * 1-5 root /root/test.sh
// 每周一至周五的 23:00 运行脚本/root/test.sh
```

3. 目录/etc/cron.d

除了编辑配置文件/etc/crontab,用户还可以直接在目录/etc/cron.d 中的创建任务计划配置文件,语法与/etc/crontab 一样。

目录/etc/cron.d 默认有 3 个文件。

```
[root@localhost ~ ]#ls /etc/cron.d
0hourly raid-check sysstat
```

4. 命令 crontab

root 以外的用户可以使用命令 crontab 配置 cron。

crontab 用于创建、修改、查看以及删除 crontab 条目。用户定义的 crontab 条目保存在文件/var/spool/cron/<username>中,该文件使用的格式和/etc/crontab 相同,并以创建的用户身份运行。添加或修改 crontab 条目并保存该文件时,crontab 会对其进行完整性检查。如果有错误,它会提示用户修改。crontab 的使用通过文件/etc/cron.allow 和/etc/cron.deny 进行控制。crontab 的语法格式为

```
crontab [选项] [文件]
```

crontab 命令的常用选项及其含义见表 11.9。

表 11.9   crontab 命令的常用选项及其含义

选　　项	含　　义
-e	编辑 crontab
-l	列出 crontab
-r	删除 crontab
-u<用户名>	以其他用户身份运行 crontab

【例 11.11】   创建普通用户的 crontab。

```
[test@localhost ~ ]$crontab -e
// 使用命令 crontab -e 运行 vi 编辑器，编辑普通用户的 crontab 条目
00 12 *  *  * /home/test/test.sh
// 在 vi 编辑器输入以上内容，保存并退出
no crontab for test -using an empty one
crontab: installing new crontab
// 提示用户 test 没有 crontab 条目，因此安装新的 crontab 条目
```

【例 11.12】   列出普通用户的 crontab。

```
[test@localhost ~ ]$crontab -l
00 12 *  *  * /home/test/test.sh
// 列出用户自己的 crontab 条目
[root@localhost ~ ]#crontab -u test -l
00 12 *  *  * /home/test/test.sh
// 以用户 root 列出用户 test 的 crontab
[root@localhost ~ ]#ls -l /var/spool/cron/test
-rw-------. 1 test test 31 Oct 30 19:03 /var/spool/cron/test
[root@localhost ~ ]#cat /var/spool/cron/test
00 12 *  *  * /home/test/test.sh
```

【例 11.13】   备份普通用户的 crontab。

```
[test@localhost ~ ]$crontab -l > /home/test/cron
[test@localhost ~ ]$ls -l /home/test/cron
-rw-rw-r--. 1 test test 31 Oct 30 19:07 /home/test/cron
```

【例 11.14】   删除普通用户的 crontab。

```
[test@localhost ~ ]$crontab -r
[test@localhost ~ ]$crontab -l
no crontab for test
```

【例 11.15】   恢复普通用户的 crontab。

```
[test@localhost ~ ]$crontab /home/test/cron
[test@localhost ~ ]$crontab -l
00 12 * * * /home/test/test.sh
```

11.2.2 at

at 用于在指定时间内执行一次性的任务计划。作业一旦被提交,at 就会保留当前的所有环境变量,包括路径等。该作业的所有输出将以电子邮件的形式发送给用户。at 通过服务 atd 实现任务计划。at 创建的任务计划保存在 /var/spool/at 目录中。at 通过文件/etc/at.allow 和/etc/at.deny 进行控制。

at 用于在某一指定时间内调度一项一次性作业。其语法格式为

```
at [选项] [time] [date]
```

at 命令的常用选项及其含义见表 11.10。

表 11.10 at 命令的常用选项及其含义

选　　项	含　　义
-b	系统负载低于 0.8 时运行 at 作业,相当于命令 batch
-d/r	删除 at 作业,相当于命令 atrm
-f	从文件读取作业
-l	列出 at 作业,相当于命令 atq

【例 11.16】 配置 at 作业,实现在 24 小时后强制删除目录/root/bootbak 及其子目录和文件。并列出所提交的作业。

```
[root@localhost ~ ]#at now +24 hours
at> rm -rf /root/bootbak
at> <EOT>
// 按快捷键 Ctrl + D 保存并退出配置
job 1 at Sat Oct 31 18:46:00 2020
[root@localhost ~ ]#at -l
1    Sat Oct 31 18:46:00 2020 a root
```

11.3 项目实践 进程和任务计划管理

项目说明

本项目重点学习 Linux 的系统管理。通过本项目的学习,将会获得以下两方面的学习成果。

(1) 进程管理。

(2) 任务计划管理。

任务 1 进程管理

任务要求

（1）查看进程信息。

（2）启动和结束进程。

（3）挂起和恢复进程。

任务步骤

步骤 1：查看进程信息。

使用命令 ps 输出所有用户进程及其起始时间，如图 11.1 所示。

```
USER        PID %CPU %MEM    VSZ   RSS TTY      STAT START   TIME COMMAND
root       1218  0.2  2.0 312920 40784 tty1    Ssl+ 18:37   0:01 /usr/bin/X :0 -backgr
root       2618  0.7  0.1 116316  2892 pts/0   Ss   18:46   0:00 bash
root       2656  0.0  0.0 155472  1868 pts/0   R+   18:46   0:00 ps -au
```

图 11.1 查看进程信息

步骤 2：启动进程。

在当前终端窗口使用命令 top 查看系统进程信息，并最小化该终端窗口。

步骤 3：结束进程。

打开新的终端窗口，查询上一步骤运行的进程 top 对应的 PID，并以强制方式结束该进程，如图 11.2 所示。

```
    2673 pts/0    00:00:00 top
```

图 11.2 查询进程 top 对应的 PID

步骤 4：挂起进程。

使用 vi 编辑器编辑文档，并挂起；每隔 100 秒显示物理内存和交换空间的情况，并挂起。显示 Shell 的作业清单，如图 11.3 所示。

```
[1]-  Stopped              vi file
[2]+  Stopped              free -s 100
```

图 11.3 显示 Shell 的作业清单(1)

步骤 5：恢复进程。

将作业 free 放到后台执行，并显示 Shell 的作业清单，如图 11.4 所示。

```
[1]+  Stopped              vi file
[2]-  Running              free -s 100 &
```

图 11.4 显示 Shell 的作业清单(2)

任务 2 任务计划管理

任务要求

（1）配置 cron 实现自动化。

（2）配置 at 实现自动化。

任务步骤

步骤 1：配置 cron 实现自动化。

编辑文件/etc/crontab，实现每周五的 23：30 将目录/boot 及其子目录和文件复制到目录/root/bootbak 下。

步骤 2：启动服务 crond 让配置生效。

步骤 3：配置 at 实现自动化。

配置 at 作业，实现在 24 小时后强制删除目录/root/bootbak 及其子目录和文件。并列出所提交的作业。

11.4　本 章 小 结

Linux 是一个多任务的操作系统，可以同时运行多个进程。正在执行的一个或多个相关的进程称为一个作业。用户可以同时运行多个作业，并在需要时可以在作业之间进行切换。

如果需要在指定的时间触发某个任务作业，就需要创建任务计划。在 Linux 中使用 cron 和 at 实现任务计划功能。cron 用于周期性的任务计划，at 用于一次性的任务计划。

参 考 文 献

[1] 鸟哥. 鸟哥的 Linux 私房菜基础学习篇[M]. 4 版. 北京：人民邮电出版社,2018.

[2] 於岳. Linux 实用教程[M]. 3 版. 北京：人民邮电出版社,2017.

[3] The CentOS Project https://www.centos.org/.

[4] 中国 IT 实验室(ChinaITLab.com).